四川省社区防灾减灾自组织能力建设研究

陈旭　王胡林　盛丹萍

Sichuan Sheng Shequ Fangzai Jianzai Zizuzhi Nengli Jianshe Yanjiu

西南财经大学出版社
Southwestern University of Finance & Economics Press

中国·成都

图书在版编目(CIP)数据

四川省社区防灾减灾自组织能力建设研究/陈旭,王胡林,盛丹萍著.——
成都:西南财经大学出版社,2020.3

ISBN 978-7-5504-4344-0

Ⅰ.①四… Ⅱ.①陈…②王…③盛… Ⅲ.①灾害防治—社区管理—
研究—四川 Ⅳ.①X4②D669.3

中国版本图书馆 CIP 数据核字(2020)第 012890 号

四川省社区防灾减灾自组织能力建设研究

陈旭 王胡林 盛丹萍 著

责任编辑:张岚
封面设计:何东琳设计工作室 张姗姗
责任印制:朱曼丽

出版发行	西南财经大学出版社(四川省成都市光华村街55号)
网　　址	http://www.bookcj.com
电子邮件	bookcj@foxmail.com
邮政编码	610074
电　　话	028-87353785
照　　排	四川胜翔数码印务设计有限公司
印　　刷	郫县犀浦印刷厂
成品尺寸	170mm×240mm
印　　张	11
字　　数	202 千字
版　　次	2020 年 3 月第 1 版
印　　次	2020 年 3 月第 1 次印刷
书　　号	ISBN 978-7-5504-4344-0
定　　价	68.00 元

序

灾害与人类如影随形，人类发展史就是一部人与自然做斗争的历史。进入 21 世纪后，全球气候变暖引发的极端天气变化带来的各类灾害，给人类社会造成了巨大的生命和财产损失。如何有效防灾减灾、减轻灾害损失已经成为各国和各地区面临的挑战。四川是我国自然灾害较严重的省份之一，灾害种类多、分布地域广、发生频率高、造成损失重。伴随着经济快速发展和城市化进程加快，四川的资源、环境和生态压力也进一步加剧，自然灾害、事故灾难、公共卫生事件和社会安全事件等各类突发事件不断发生，各类灾害风险交织聚集，四川在减轻灾害风险、减少灾害损失方面面临的任务迫切而艰巨。

习近平总书记说："人民对美好生活的向往，就是我们的奋斗目标。"美好生活的基础是安全，只有人民的生存环境更安全，人民的生活才可能更美好。从某种意义上说，美好是人的积极追求，安全是人的基本期望，是个人不能保证而政府和社会必须提供的。党和政府高度重视防灾减灾工作，组织实施了"十二五"和"十三五"国家综合防灾减灾统一规划，把防灾减灾作为政府社会管理和公共服务的重要组成部分。党的十九大报告指出："要树立安全发展理念，弘扬生命至上、安全第一的思想，健全公共安全体系，完善安全生产责任制，坚决遏制重特大安全事故，提升防灾减灾救灾能力。"加强社区防灾减灾自组织能力建设，是一个基础性的长期的过程，是加强国家综合防灾减灾能力的重要途径。

从"5·12"汶川特大地震到"4·20"芦山地震，再到"8·8"九寨沟地震，我们看到了四川在防灾减灾和应急管理上的明显进步：响应更加迅速，组织更加有序，救援更加有效，掌控更加娴熟。但是，防灾减灾救灾模式在一定程度上仍然表现出动员式、全民式、分散式的特点，存在效率不高、资源浪费、拥堵混乱和民众依赖等问题。所以，我们组织编写了这本书，旨在通过对社区防灾减灾自组织能力建设的研究，指导社区组织开展防灾减灾的风险评估、教育培训和应急演练等，提高社区群众的防灾减灾意识和避险自救技能，进一步提升国家综合防灾减灾软实力。相信这本书的出版，能够为四川社区防灾减灾能力的提高、防灾减灾事业的进步发展，起到积极的推动作用。

谨为序。

陈 旭

2020 年 3 月

目　录

引　言

　　中国社会已进入城市化的快速发展阶段。在城市发展过程中，城市的规模越来越大，功能越来越复杂。随着城市不断扩张，各种资源要素高度聚集在城市，由此导致的内在风险因素也与日俱增，各种危机层出不穷，可能出现问题的地方也越来越多。社区是城市的基本组成单元，是居民生活工作的主要场所，是若干社会群体或社会组织聚集和居住在一定区域范围内所组成的相互关联、关系密切的社会共同体。城市社区作为现代城市的基础和重要组成部分，在繁荣发展的同时也面临着种种风险和危机。当危机来临时，社区是各种突发灾害事件最直接的承受者，社区民众是风险直接的影响对象和应对者。城市社区风险不同于城市问题，具有突发性、危害的全面性以及难以预测性等特征，对社区居民的生存和发展构成直接威胁。因此，以社区为立足点，开展社区防灾减灾安全风险评估，做好社区防灾减灾自组织能力建设，提高社区防灾减灾能力，就显得非常重要也非常必要。

　　在防灾减灾体系建设中，社区的防灾减灾功能尤其重要。社区是诸多突发灾害事件发生和处置的第一现场，社区的安全是城市安全的重要组成部分，社区是预防和应对突发灾害事件的前沿阵地，也是城市安全的基础。社区在防范突发自然灾害过程中的地位特殊而重要：其组织协调成本低，机动灵活，救援人员之间相互沟通便捷，非常熟悉本地区的自然地理环境、基础设施和救灾物资与设备等。在自然灾害发生的第一时间，社区防灾减灾的自救互救能力，直接关系到灾害发生时社区居民的伤亡人数及财产的损失程度。习近平总书记 2014 年在福建省调研时就曾指出："社区虽小，但连着千家万户，做好社区工作十分重要。"城市社区不仅聚集社会资源和财富，也是城市居民安全、舒适、健康生活的重要场所。社区的重要性也会随着改革的不断深入尤其是城市化进程的加速推进而日益凸显。社区公共安全是国家公共安全体系的重要组成部分，社区公共安全事关人民群众生命财产安全，事关社会和谐稳定和人民幸福，是衡量执政党领导力、检验政府执行力、评判国家动员力、彰显民族凝聚力的一个重要方面。2015 年 5 月 29 日，中央政治局在集体学习时强调：维护公共安全体系要从最基础的地方做起，把基层一线作为公共安全的主战场。2015年12月，中央城市工作会议明确了"城市发展，安全第一"的城市发展理念，提出"要把安全放在第一位，把住安全关、质量关，并把安全工作落实到城市工作和城市发展各个环节各个领域"。会议不但对今后城市工作进行了具体部署，也确立了城市治理体系现代化的新要求。

近几年，由于全球气候变暖，极端天气现象频现，各类自然灾害高发频发，洪灾、风灾、雪灾和地质灾害也常常威胁社区的安全，各类风险和灾难性事件时有发生。受历史和自然条件所限，我国大部分城市人口仍分布在自然灾害严重的地区，市政基础设施承载力超负荷，人口密度大，部分建筑达不到设防标准。按照城市社区的居住人口特点，可以将城市社区分为新建社区、老旧社区（包括棚户区和单位企业生活区等）、新旧混合社区、特殊功能社区等几大类。即使在同一个城市中，富裕人群居住的高档新社区与贫困人群居住的老旧社区之间差别也很大。城市里的一些老旧社区，由于聚集着众多危旧房屋，道路狭窄，基础设施不完善，管线陈旧，存在火灾隐患，而且没有停车场、大型绿地等可做避难场所，因而风险隐患更多。在改革开放前后相当长的一段时间内，中国的社会公众更多关注经济增长、科技进步、物质生活水平提高等方面，而相对忽视了城市安全问题带来的影响。最近十几年，随着经济社会的发展和生活水平的提高，社会公众在享受物质文明进步的同时，开始关注安全问题，逐渐意识到社会发展中存在的由突发灾害事件所引发的公共安全问题严重威胁着公众的生命健康和财产安全，会给社会公众造成巨大的经济损失，导致巨大的心理恐慌，给社会生产生活带来较大的负面影响，影响经济增长速度，甚至严重破坏社会的有序运转和公众的生产生活。由于我国许多城市的应急管理水平不高，社区公众安全意识不够，风险防范意识不强，防灾减灾、自救互救的知识和技能不足，大多数社区防灾减灾形势依然严峻。

随着经济全球化和互联网时代的到来，人类社会已进入高风险时期。近几年我国突发自然灾害种类多、频度高、范围广、损失严重，生产安全事故层出不穷，突发公共卫生事件和社会安全事件也不断发生。我国城市更是处于风险累积过程中，人口高度密集，资源快速流动，经济要素高度集聚，各类交往活动频繁，往往成为安全风险的重灾区。导致我国城市社区安全事故频繁发生的原因有很多，既有客观因素，也有人为因素。在人为因素中，社区应急准备能力不足、处置不及时和管理混乱等管理性问题是导致社区安全突发事件重复发生并且严重影响人民生命财产安全的重要因素，其本质原因则是缺乏完善的社区灾害风险评估。因为风险评估是制订社区突发灾害事件应急预案的基础，是检查和问责基层政府与社区防灾减灾应急管理工作漏洞的重要环节，也是提高社区防灾减灾应急能力的重要依据，能保障社区应急管理实践的规范性和有效性。开展社区风险评估是制订城市社区应急管理预案的基础和依据。社区风险评估决定了社区应急预案的预警响应级别和处置措施。根据风险评估结果找出社区的风险源和风险点，根据风险种类及数量确定风险评价的等级，确定社区可能发生的灾害和事故及其性质、危害后果等，为应急预案的应急响应级别和处置措施提供决策依据和足够的信息。风险评估的结论不仅有助于确定重点考虑的风险源，而且也为应急预案的编制提供了必要的信息和资料。应急预案将根据风险评估的结论进行编制。对于基层社区来说，应急预案的编制还应该充分考虑到与纵向的管理部门及社区内各企事业单位部门应急预案的有效衔接和联动，要进行动态修订与调整。

在过去几年的发展和建设过程中，在国家的倡导和重视下，创建全国综合减灾示范社区的范围在不断扩大，我国城市正在朝着"安全发展示范城市"这一目标努力，全国各地都在开展创建"平安社区""安全示范社区""防灾减灾示范社区"等活动，城乡社区防灾减灾救灾能力得到进一步提升。但随着城市的快速发展，城市社区的人流、车流、物流陡增，城市社区也不可避免地存在各种各样的安全风险问题，火灾、水灾、偷盗、诈骗、公共卫生问题、治安问题、交通事故、社会矛盾甚至老年人跌倒等，都是社区安全中的常见问题。各种不同类型的风险事故在最近几年都在不同社区出现过。例如，在 2010 年 11 月 15 日，上海静安区高层住宅发生大火，群死群伤，场面非常惨烈，好多人因此几年回不了家。类似的火灾在其他的社区也发生过。由小区发生大规模停电而引发安全风险的情况也不可避免；如果在社区范围内有加油站，则存在加油站突然发生爆炸的风险；如果社区里有学校，食品卫生安全问题和突发食品中毒事件的风险也是存在的；社区居民在使用家中的燃气热水器和煤气罐时，如果不安全使用会发生煤气中毒或燃气爆炸事故，每年冬天都有这样的悲剧发生，教训非常深刻。进行社区防灾减灾自组织能力建设的研究，就要揭示这些问题与社区各个方面的相互联系，并提出相应的防灾减灾应急管理模式，帮助社区依靠自身的力量和外界的力量尽可能有效地解决问题，营造安全的社区环境。我们也清楚地认识到，一个社区所面临的许多安全问题，往往不是在某一社区单独存在的，而是更大社会范围内存在问题的具体表现。因此，开展对社区防灾减灾自组织能力的研究，首先就要进行社区的风险评估，通过风险评估，找到社区的薄弱环节，做好预防和准备工作，有助于发现和解决社

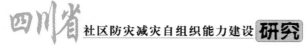

区内更为广泛的安全问题。

城市社区灾害风险包罗万象，决定了社区风险评估会面临很多复杂的难题。风险评估是风险管理最为重要的一个步骤。风险评估是指在风险事件发生之前或之后，针对该事件在人们生产生活及经济财产等方面造成影响和损失的可能性进行定量化评估的工作。风险管理的国际标准ISO 31000 对其定义是：风险评估是风险识别、风险分析、风险评定的全过程。社区灾害风险评估是一项较为复杂的系统工程，对开展组织实施、方法运用、情况汇总等多方面都提出了较高的要求。针对社区而言，社区风险评估是通过对影响社区的各种不确定因素即潜在的风险和危机的来源、性质、数量、影响等进行识别、分析评价，得出综合评估结论，并在此基础上提出和采取应对策略，对各种风险进行管理和控制的系统理论与方法。更具体而言，社区风险评估就是依据一定的风险评估标准和方法对社区内部与外部可能面临的风险因素及存在的薄弱环节进行识别、分析和评价，并通过科学研判和评估手段认识风险的性质、特征和影响结果，判断风险的未来发展趋势，确定风险应对策略和应急管理预案，从而有效地预防、规避、应对和控制风险，从根本上做好各方面工作确保城市社区的安全。

由于社区内成员密集，危机酝酿期往往较短，风险转化为危机的过程容易被人们忽视，因此危机爆发前征兆不明显，危机爆发后影响和破坏很大。当发生自然灾害突发事件时，由于社区居住人员密集，人口结构复杂，社区内老幼病残及体弱者随机分布，当灾害形成较快导致社区准备不足、应对不力而受灾严重时，自然灾害危机的影响面就会较大，涉及的利益相关者众多，无论是居民还是社区服务机构都将面临巨大损失。目前，水灾、火灾是大多数社区安全中面临的主要风险源之一。

因此，加强社区防灾减灾能力建设，有效应对各种灾害风险，是社会经济不断发展、人民生活水平不断提高的迫切需要。做好社区防灾减灾工作，关键是要提高居民防灾减灾自组织能力，增强全民防灾减灾意识，使他们积极参与社区的防灾减灾全过程。对社区防灾减灾自组织能力建设的研究是综合性、应用性和交叉性的研究，它属于管理学研究领域，但又不局限于管理学学科。因此，本书借鉴了管理学和社会学的理论与研究方法，广泛地吸收学术界已有的学术成果。通过实地走访调研，结合社区的防灾减灾应急管理能力建设的具体实践，收集整理了大量素材开展研究，本书主要采用以下四种研究方法。

第一种是文献综述法。通过查阅图书、文献资料，在尽可能检索国内外相关文献资料的基础上，系统梳理并全面深刻把握社区防灾减灾应急管理的国内外实践内容和研究现状。

第二种是德尔菲法。本书在现有研究的基础上，运用德尔菲法对应急管理能力要素的一级指标、二级指标进行筛选，得出与社区防灾减灾应急管理能力紧密相关要素的重要指标。

第三种是层次分析法。建立社区的防灾减灾应急管理能力建设指标体系，运用层次分析法对其进行评价，分析评价结论，找出社区防灾减灾应急管理能力建设存在的问题，提出能力建设提升途径和方法。

第四种是问卷调查法。以成都市社区防灾减灾自组织能力建设的实践经验为研究对象，通过对社区的实地走访、座谈交流等形式，制作调查问卷、开展问卷调查，了解社区在防灾减灾应急管理能力的要素，如应急认知能力、应急响应能力、恢复重建能力等方面的具体现状，总结出社区在自组织能力建设方面的经验与不足。

第一章 绪 论

第一节 研究背景、意义及思路

社会发展和治理趋势是主体多元化。政府与社会力量良性互动、协同共治已成为重要的社会治理模式。在新公共管理背景下，国际上应急管理体制发展呈现综合性特点，管理理念上强调"共同治理"，使社会各界共同参与应急管理，通过分权、分层次、分目标实现多元化系统管理。1999 年联合国召开的"国际减灾十年"论坛就提出"以社区为基本单元，加强灾害风险的管理工作，以提高社区的减灾意识"。2005 年联合国通过的《兵库宣言》和《2010—2015 兵库行动框架：提高国家和社区的抗灾能力》明确提出"尤其需要加强社区在地方一级减少灾害风险的能力"。加强社区防灾减灾能力建设，是我国近年来各地应急管理工作的重心，也是学术界关注的一个重要课题。

虽然四川省在近年经过了"5·12"汶川特大地震、"4·20"芦山大地震和"8·8"九寨沟地震三次自然灾害，全省的防灾减灾能力有了明显提高，应对灾害体系逐步从传统"救灾响应型"向"防灾准备型"转变，从"举国救灾"到充分依靠基层自救互救，从条块分割到建立宏观与微观相结合的多层次救灾体系。但是，基层社区作为灾害发生和应对的第一场所，其防灾减灾能力还不能满足现实需求，社区防灾减灾的能动性不足，自组织能力弱，自救互救水平不高，极大地影响着防灾减灾的管理绩效和防灾减灾体系建设。社区是应急管理工作的"最后一公里"，基层社区防灾减灾自组织能力的提升，能够有效改善突发灾害事件发生后黄金 72 小时的应急抢险救援效率。提升社区防灾减灾应急管理能力，最直接地体现为提升居民自救互救能力。不管是应对雨雪冰冻天气、洪灾、地震等自然灾害，还是诸如抗击流感之类的公共卫生事件，抑或火灾、燃气泄漏等事故灾难事件，盗抢、打架斗殴等公共安全事件，等等，提升社区的防灾减灾能力，提升社区作为突发灾害事件最直接承受者的应急处置效率都是十分重要也是非常必要的。以往学者更多从政府角度提出如何提高社区防灾减灾能力建设，没有充分重视和发掘社区的自组织能力。因此，本课题研究认为，应通过社区自组织能力建设，发挥社区自身的防灾减灾能力和自救互救能力，才能大大降低灾害中的人员伤亡和财产损失。

　　本书从系统论视角出发，运用危机管理理论、社区治理理论、自组织理论，从社区自组织能力建设的视角出发，对社区灾害管理的内在规律进行深入认识和剖析。四川省既有城市社区，也有农村社区，在人口数量、防灾减灾基础设施等方面两者都有较大的区别，但本书的研究对象和内容只是针对城市社区，特此说明。课题组对四川省部分"全国综合减灾示范社区"和部分"5·12"地震极重灾区防灾减灾实践项目社区开展调研，详细了解社区防灾减灾能力建设的现状和存在的问题，建立社区防灾减灾能力的评价指标体系，对这些调研社区防灾减灾能力进行评价。通过案例分析，总结经验教训，提出提升社区防灾减灾自组织能力建设的对策建议。

第二节　基本概念

一、社区

　　自德国社会学家滕尼斯提出"社区"概念以来，各国学者根据社会变化和历史变迁带来的社区的变化，对不同历史时期的社区内涵和外延做出了不同的解释。这些不同的社区定义可以概括为地域主义和功能主义两种观点。前一种观点认为，社区是居住在一个区域有组织的团体，也就是区域社区。后一种观点认为社区是由共同利益和共同目标的人组成的社会群体，即功能社区。与国外学者们的观点不同，我国学者更加注重从管理学的角度来界定社区的功能和边界，更强调社区治理的有效性。曾担任民政部基层政权和社区建设司司长的张明亮指出："按照便于服务管理和开发社区资源、促进社区的自治原则和地域认同等社区的构成要素，适当地调整原有的街道、社区居委会的规模，调整之后的社区居委会辖区作为城市社区的主要形式，形成区域社区。"2000年出台的《民政部关于在全国推进城市社区建设的意见》也明确提出"社区是指在一定的地域范围内的人们所组成的社会生活共同体。目前城市社区的范围，一般是指社区制度改革后做了调整的居民委员会辖区。"因此，虽然政府管理者对社区的定义是出于治理的需要，但实际上是叠加了地域社区和功能社区的主要内涵。

　　社区是我们生活中不可缺少的一个综合基础的群众基础机构。它为居住在一个固定区域和群体范围内的居民，起着一种媒介桥梁作用。社区的特点是具有一定数量的人口、一定范围的地域、一定规模的设施、一定特征的文化、一定类型的组织，社区居民之间有共同的认识和利益关系，有着较密切的社会交往。当前，我国城市社区大多由居民委员会改名而来，少部分来自村委会。社区是党委政府传达落实政策方针和掌握民情的"最后一公里"，是居民自治组织，其行政上接受街道办事处领导。社区没有行政级别，社区工作人员构成大致为：一是占绝大多数的由街道正式招聘的社区干部，每3年一次换届选举，由居民投票选举产生；二是由上级部门招聘，分派到社区工作的人员；三是大学生农村基层干部，来自省级招聘；四是公益性岗位，在社区工作的人员。

　　从我国社区建设的实践来看，社区作为我国基层的行政区划（非正式行政区划，是一种基于地域的自治组织），在农村一般称作行政村或自然村；在城市就是指街道办事处辖区或居委会辖区，具有居民自治、提供公共服务和协助政府处理社会事务等功能。从本书的研究角度来看，社区主要是从地理界限，即以一定的地域为研究对象，分析特定地域内各类灾害风险事件。

二、社会组织

　　由于世界各国不同的文化传统和语言习惯，社会组织这一统称在不同地区有不同的叫法。但这些叫法在内涵上并没有太大差别，其主要目的是与政府进行区别。党的十六届六中全会、党的十七大都提出了"社会组织"这一新的名词。从2007年开始，"民间组织"这一提法正式被"社会组织"代替。目前，我国将社会组织分为三类，即社会团体、基金会和民办非企业单位。

　　社会组织的基本属性是非营利性和非行政性。2016年8月，党中央、国务院印发《关于改革社会组织管理制度促进社会组织健康有序发展的意见》，强调了社会组织是我国社会主义现代化建设的重要力量，要求大力培育发展社区社会组织，完善相关政策，明确社会组织的作用是服务国家、服务社会、服务群众、服务行业①。王宝明、刘皓、王重高（2013）编著的《政府应急管理教程》阐释了应急管理体系中的社会组织："社会公众通过自发组织按照志愿性机制谋求公共利益、提供

---

　　① 新华网. 中办国办印发《关于改革社会组织管理制度促进社会组织健康有序发展的意见》［EB/OL］.［2016-08］. http://news.xinhuanet.com/politics/2016-08/21/c_1119428034.htm.

应急公共服务的组织。"①

社会组织作为我国社会经济发展中的一支重要的力量正在逐步兴起，随着全能型政府向有限政府的转变，社会组织在突发事件中扮演着越来越重要的作用；由于突发事件的应对是一项系统的工程，社会组织在灾害突发事件的应对过程中以其独特的优势承担了政府不能做、不愿做、做不好的大量工作，在应对突发事件工作中收到了事半功倍的效果，既弥补了政府在公共行政与公共管理中的不足，也能够更有效地预防和处置突发灾害事件，消除事件影响，其丰富的社会资源也能够降低灾害事件对社会的损害。

三、风险管理

风险是指在某一特定环境下，在某一特定时间段内，某种损失发生的可能性。风险由风险因素、风险事故和风险损失等要素组成。联合国对自然灾害风险的定义为：风险是在一定区域和给定时段内，由于特定的自然灾害而引起的人民生命财产和经济活动的期望损失值，并采用了"风险度（R）=危险度（H）×易损度（V）"的表达式。风险，指在不确定性情境下不利事件或危险事件发生的可能性及其后果/影响的综合体。风险管理是如何在一个具有风险的环境里把风险减至最低的管理过程。风险管理是指通过对风险的认识、衡量和分析，选择最有效的方式，主动地、有目的地、有计划地处理风险，以最小成本争取获得最大安全保证的管理方法。美国经济学家詹姆斯·托宾就曾说过"不要把你所有的鸡蛋都放在一个篮子里"，这是典型的风险管理思维。18 世纪工业革命带来了财富的迅速积累，导致西方风险管理的意识得到普遍加强。到 20 世纪 60 年代，学者开始系统研究风险管理。2009 年，国际标准化组织发布了 3 个用于风险管理的标准，这一成果是风险管理领域的里程碑，标志着风险管理进入一个全新的时代，我国也于同年年底发布了相应国家标准。2010 年 9 月，人社部发布了关于应急管理方面新的职业培训项目——风险评估专业人员职业培训，用以填补该专业领域内人才的空白。

风险管理是一个过程，是一项有目的的管理活动，只有目标明确，才能起到有效的作用。否则，风险管理就会流于形式，没有实际意义，也无法评价其效果。其目标就是要以最小的成本获取最大的安全保障。因此，它不仅是一个安全问题，还包括识别风险、评估风险和处理风

---

① 王宝明，刘皓，王重高. 政府应急管理教程［M］. 北京：国家行政学院出版社，2013：40.

险，简单来说就是管理预见或不可预见的风险，防止出现损失或其他风险等。风险管理是"社会组织或个人用以降低风险带来的消极结果的决策过程，通过风险识别、风险估测、风险评价，并在此基础上选择与优化组合各种风险管理技术，对风险实施有效控制和妥善处理风险所致损失的后果，从而以最小的成本收获最大的安全保障"①。

四、安全社区

安全社区的概念早在 1989 年就被提出。随着我国经济社会快速发展，社会管理、服务民生、保障安全的矛盾日益突出。如何探索一条整合社会关系、解决社会矛盾、协调各方利益关系、保持社会稳定的管理模式，是基层服务管理的新要求。安全社区是这个时代社区发展模式的必然选择。简单说安全社区就是通过人的干预，协调好人与人、人与自然和谐发展。在干预协调的过程中服务群众、惠及民生，实现经济效益和社区效益的双丰收，而且结果必须得到群众的认同和满意。安全社区建设是一个资源整合、全员参与、持续改进的过程，也是创造安全、健康、和谐环境的系统工程，是创新社会治理的基础平台，是实现安全生产形势根本好转的重要抓手。

由国家安全生产监督管理总局颁布，2006 年 5 月 1 日正式实施的《安全社区建设基本要求》，定义了安全社区："建立了跨部门合作的组织机构和程序，联络社区内相关单位和个人共同参与事故与伤害预防和安全促进工作，持续改进地实现安全目标的社区"②。

五、防灾减灾

防灾即预防或防御灾害。要完全防止灾害或避免灾害损失是不可能的，但是我们可以采取防灾措施，在一定程度上减少灾害活动和影响，减轻灾害损失。因此，防灾减灾是指采取多方面的有效措施，预防和减轻各类自然灾害与风险事故所带来的损失及影响。防灾是减灾的重要环节，是对自然灾害和风险事故采取的预防与规避性措施，它是最经济也是重要而有效的减灾措施。

防灾减灾要统筹考虑各类自然灾害和减灾工作的各个方面，充分利用各个地区、各个部门、各个行业的减灾资源，综合运用行政、法律、科技、财税等多种手段，建立和健全综合减灾管理体制与运行机制，着

---

① 热纳提·帕尔哈提，王丽新. 我国小微企业投资风险管理问题探析 [J]. 中国商论，2016（34）：71-72.

② 欧阳梅.《安全社区建设基本要求》解读 [J]. 劳动保护，2007（4）：49-51.

力加强灾害监测预警、防灾备灾、应急处置、灾害救助、恢复重建等能力建设，扎实推进减灾工作由减轻灾害损失向减轻灾害风险转变，全面提高综合减灾能力和风险管理水平，切实保障城市居民的生命和财产安全，促进经济和社会全面、协调、可持续发展。

社区防灾减灾是指针对社区可能发生的各种灾害，了解其发生原因和影响、后果，事先做好预防和准备，掌握防灾避灾和自救互救技能，灾害发生时采取科学有效的措施，最大限度降低灾害的损失和影响。社区如何正确防灾减灾，每个社区的居民都应该学习和掌握相关的知识技能，平时注重学习防灾减灾知识，可以避免或减少不必要的伤亡和损失，一旦灾害发生时，能够及时应用发挥作用。

六、自组织

自组织是物理学的一个概念。一般来说，组织是指系统内的有序结构或这种有序结构的形成过程。从组织的进化形式来看，可以把它分为两类：他组织和自组织。如果一个系统靠外部指令而形成组织，就是他组织；如果不存在外部指令，系统按照相互默契的某种规则，各尽其责而又协调地自动地形成有序结构，就是自组织。自组织现象无论在自然界还是在人类社会中都普遍存在。一个系统自组织属性愈强，其保持和产生新功能的能力也就愈强。因此，自组织是指混沌系统在随机识别时形成耗散结构的过程，主要用于讨论复杂系统。从系统论的观点来看，自组织是指一个系统在内在机制的驱动下，自行实现从简单向复杂、从粗糙向细致方向发展，不断地提高自身的复杂度和精细度的过程；从进化论的观点看，自组织是指一个系统在"遗传""变异"和"优胜劣汰"机制的作用下，其组织结构和运行模式不断地自我完善，从而不断提高其对环境的适应能力的过程。也就是说，如果一个体系在获得空间的、时间的或功能的结构过程中，没有外界的特定干涉，我们便说该体系是自组织的。自组织是指系统自我自主地组织化、有机化。任何一个组织都有自组织属性，否则就失去了存在的基础和发展动力。

七、社区自组织能力

社区自组织能力是指社区共同体不需要外部力量的强制性干预，社区组织与机构在适应社会环境变化并与其他社会组织协调共生的过程中，通过自身努力而促使自身结构不断进化，组织机制与功能不断优化，依靠自身能力实现自我生存、自我发展、自我整合、自我协调、自我组织、自我管理、自我约束等，进而实现社区公共生活有序化的能力。其实，社区自组织机制和社区自组织能力无法割裂，它们是考察社区自组织的两种视角。只是自组织机制强调其为社区共同体自身固有，而自组织能力还意味着它是发展的，并且需要人们去培育和建设，现代城市社区的自组织能力更是如此①。社区自组织能力是党组织领导能力、居民委员会组织与服务能力（组织居民与服务居民）、社区社会组织参与能力、其他组织服务能力的集成，社区自组织能力的体现、发挥和提升受特定主体所赖以生存的外界环境的制约，理念更新、制度创设、组织再造、资源配置、能力训练等是社区自组织能力集成的实现路径。

第三节　相关理论

社区是一个开放的复杂系统，随着社会多样化、多元化的进程加快，社区结构系统更加复杂化，社区防灾减灾能力建设也是一个系统工程，要用复杂系统的理论和方法去分析研究。由于视角不同，涉及社区应急管理的相关理论众多。本书主要从自组织理论、公共危机治理理论和多中心理论出发，对社区防灾减灾应急管理能力建设进行深入剖析。

一、自组织理论

自组织理论是 20 世纪 60 年代末期开始建立并发展起来的一种系统理论。自组织理论主要由三个部分组成：耗散结构理论、协同学、突变论，但其基本思想和理论内核可以完全由耗散结构理论和协同学给出。耗散结构理论主要研究系统与环境之间的物质和能量交换关系及其对自组织系统的影响等问题。建立在与环境发生物质、能量交换关系基础上的结构即为耗散结构，如城市、生命等。远离平衡态、系统的开放性、系统内不同要素间存在非线性机制是耗散结构出现的三个条件。远离平衡态，指系统内部各个区域的物质和能量分布是极不平衡的，差距很大。协同学主要研究系统内部各要素之间的协同机制，认为系统各要素之间的协同是自组织过程的基础，系统内各参量之间的竞争和协同作用是系统产生新结构的直接根源。由于系统要素的独立运动或在局部产生的各种协同运动以及环境因素的随机干扰，系统的实际状态值总会偏离平均值，这种偏离波动大小的幅度就叫涨落。当系统由一种稳态向另一种稳态跃迁时，系统要素间的独立运动和协同运动进入均势阶段，任一微小的涨落都会迅速被放大为波及整个系统的巨涨落，推动系统进入有

---

① 杨贵华. 城市社区自组织能力及其指标体系 ［J］. 社会主义研究，2009（1）：72-77.

序状态。突变论则建立在稳定性理论的基础上，认为突变过程是由一种稳定态经过不稳定态向新的稳定态跃迁的过程，表现在数学上是标志着系统状态的各组参数及其函数值变化的过程。突变论认为，即使是同一过程，对应于同一控制因素临界值，突变仍会产生不同的结果，即可能达到若干不同的新稳态，每个状态都呈现出一定的概率。

自组织理论以新的基本概念和理论方法研究自然界与人类社会中的复杂现象，并探索复杂现象形成和演化的基本规律。自组织理论的研究对象主要是复杂自组织系统（生命系统、社会系统）的形成和发展机制问题，即在一定条件下，系统是如何自动地由无序走向有序、由低级有序走向高级有序的。自组织理论方法主要包括自组织的条件方法论、自组织的动力学方法论、自组织演化路径（突变论）的方法论、自组织超循环结合方法论、自组织分形结构方法论、自组织动力学（混沌）演化过程论、综合的自组织理论方法论等。这里主要论述和研究课题有关的动力学、突变论、混沌论等方法论。

自组织的动力学方法论有三大要点：第一，在大量子系统存在的事物内部，在平权输入必要的物质、能量和信息的基础上，须激励竞争，形成影响和相互作用的网络；第二，提倡合作，形成与竞争相抗衡的必要的张力，并不受干扰地让合作的某些优势自发地、自主地形成更大的优势；第三，一旦形成序参量后，要注意序参量的支配不能采取被组织方式进行，应按照体系的自组织过程在序参量支配的规律下组织系统的动力学过程。这可能产生两种有序运动：一种即数量化的水平增长的复杂性和组织程度的演化，另一种则是突变式的组织程度跃升动力学演化。

自组织演化路径的方法论认为，演化路径具有多样性，有三条路径：一是经过临界点或临界区域的演化路径，演化结局难以预料，小的激励极可能导致大的涨落；二是演化的间断性道路，有大的跌宕和起伏，常出现突然的变化，其间大部分演化路径可以预测，但有些区域或结构点不可预测；三是渐进的演化道路，路径基本可以预测。突变论所利用的形态演化方法（结构化方法）在整体背景上进行自组织演化路径的突变可能性分析，为研究者提供了一个整体观。

混沌论对研究复杂性的非线性方法具有重大贡献。首先，混沌不仅可以出现在简单系统中，而且常常通过简单的规则就能产生混沌。简单系统能够产生复杂行为，复杂系统也能够产生简单行为。分层、分岔、分支、锁定、放大，非线性的发展或演化过程就是这样神奇而不可预测。其次，非线性动力学混沌是内在的、固有的，而不是外加的、外生的。尤其是在管理中的混沌特性决定了"混沌管理"方法的非最优化和不确定性。企业并不追求最优化和最高效率——这是由稳定的管理价值观所决定的，管理过程与结果之间无决定的直接的关系。

二、公共危机理论

目前对"公共危机"还未有明确的定义。各个学者研究的角度、综合素质、理论背景等不同，因此对公共危机的解读因人而异、各不相同。罗森塔尔在其论著中这样界定危机：危机具有很强的不明确性和威胁性，危机常常是一种紧急的情境，它同时还需要承受很大的生存风险。巴顿则认为：危机的特征是不确定和高风险，因此它容易对整个组织产生极大的影响，它对企业、商品、雇员等方面都会造成不同程度的损害。学者福斯特认为，危机尽管发生的范围较广，但其特征却非常明显，它需要管理者在危机形势下快速、及时地做出判断和决策，危机的处置应对需要多方面支持，既需要高效的管理、相应的物质基础和时间，又需要成本、设备、人才。

清华大学薛澜教授对危机的界定为："一般情况下，危机是指对主要目标和核心价值产生重大影响和威胁的大事件，主要是由信息不契合、发展阻碍、决策的不及时和不准确等原因造成的。"① 学者张成福在文献中界定危机："危机通常情况下是一种十分危急或紧急的状态和事件，危机的出现往往会对社会和组织造成重大影响，公众利益和生命财产会受到严重损害；这种危机大大超出了社会公共管理能力所及，所以需要政府和相关机构采取必要的措施进行控制和治理。"② 危机的巨大影响引起了学者们的广泛关注，许多专家学者对危机的成因、发展过程和危害进行了深入的分析，总结得出危机的定义以及危机的相关理论。公共危机被定义为：因为外界不可抗拒因素和社会管理机制失效等问题而发生可能损害公共秩序与公众利益的事件。通常情况下，突发事件的发生容易引发公共危机，因此政府需事前进行风险评估并能够迅速地决策应对。随着社会的不断发展，突发事件不断产生。对于公共危机问题，政府在处置过程中处于主导地位。公共危机和事故性危机、误解性危机与灾害性危机不同，其根本差异表现为其公共属性。换句话说，公共危机通常威胁所有公民。危机的产生常常伴有突发性并且影响范围广，易造成公众的盲目恐慌，增加处置的难度。所以，政府是否能妥善应对公共危机，已成为衡量其执政能力的主要指标之一。随着互联网技

---

① 薛澜. 危机管理［M］. 北京：清华大学出版社，2003：52-55.
② 张成福. 论政府信息公开例外保护机制［J］. 情报理论与事件，2012（9）：32-34.

术不断发展更新，社会生活日新月异，城市发展进程日益迅速。当前的城市化建设，需要我们运用各种技术和方法全面地了解城市的基本情况与发展定位。城市既是人们进行生产、生活的载体，又是一个全方位、立体性、多维度的综合系统。随着城市的不断发展，公共危机的发生频率日益增高，危害性不断加强，建立完善的应对城市公共危机的管理体系成为政府治理的当务之急。公共危机的治理，涵盖社会生活各个领域，如社会安全问题、事故灾难、公共卫生问题、自然灾害等突发事件都包含在内，它还包括了政务信息安全、环境安全、食品安全、交通控制体系等方面。因此，需要从宏观角度来深入研究城市公共危机管理体系。

三、多中心理论

多中心理论可以从"多中心"的概念所包含的内容进行理解。"多中心"的含义包含了一种独特的政治、经济和社会秩序的审视角度。"多中心"指组织系统治理公共事务和提供公共服务的多个权力中心，"多中心"代表有众多单独形式的决策指挥中心，它们相互尊重、彼此合作的同时也彼此竞争，或与对方签署各种合同，或使用核心机制来化解矛盾。"多中心"已发展成为一种生产公共物品和提供公共服务的治理模式，成为一种多元的思维方式和治理理论的框架。

从微观角度来看，多中心是指由多个生产者生产公共物品并且共同处理公共事务，主要强调多个主体共同参与。"多中心治理"作为一种治理理念，主要表示在公共物品生产、公共服务提供和公共事务处理方面存在多个供给主体。多中心治理理论发展了一个基于是否具有竞争性和排他性准则的治理的分类方法。我们所说的大部分的公共物品并不是严格意义上具有非竞争性和非排他性的纯粹的公共物品，而是具有一定竞争性或者排他性的准公共物品，这种特性可以通过公共事务治理中产权契约的分配提供给单独的主体，使得传统的公共物品可以在诸如地理和特性方面进行分散。每一部分具有限定的生产权和处置权，并且承担响应的责任。每一个主体都是相对独立的，与此同时也是密不可分的。多中心治理理论旨在维持公共事务的公共性，并且通过提供具有相似性质和相似特征的各种参与者，在垄断的公共事务中建立竞争机制或不完全竞争机制。公共物品和服务的生产者之间通过竞争，会进行自我约束，从而达到降低成本、加强反馈的目的。与此同时，公民可以通过生产者之间的竞争来判断生产者的特性，选择自身需要的公共物品和服务。

从宏观角度来看，多中心治理是指政府和市场采用多种方式共同治理。在传统治理中，普遍认为公共事务如医疗服务，只能由政府这一单独的主体来提供。随后又认为市场也是公共事务的生产和提供者，建议建立单一以市场为主体的"私有化"机制。概括来讲，不管由政府或者市场来生产提供医疗服务，都是政府和市场之间二者选一的治理理念，都有其片面性，因为它们都是单中心的治理模式。由政府单独提供公共物品和服务会导致公共物品和服务的单一化，无法满足人民群众日益增长的物质文化需求，并且容易引起权力盲目扩大、低效等问题。市场有追逐利润的特性，单独由市场来提供公共物品和服务，会容易缺乏"公共性"，影响公共利益。市场作为单一主体，其危害也是显而易见的。多中心治理理论突破了单一主体治理的局限，在承认政府治理和市场治理是参与公共事务治理主体的同时，又认为政府治理和市场治理是两种不同的方法和机制，提倡处理公共事务不但要集中政府的公共性和集中性特征，还需利用强大的市场回应速度和高效率的优势，结合政府和市场两个主体的所长，进而提出政府与市场合作共治的新范式。

多中心治理中的政府具有新的任务，在公共物品的生命周期中，大致存在三个角色：消费者、生产者和连接消费者与生产者的中介者。在公共物品的生产过程中，三个角色分别由不同的主体来扮演。因此，多中心治理既反对政府的垄断，也不是所谓的私营化，它不意味着政府从公共事务领域的退出和责任的让渡，而是政府角色、责任与管理方式的变化；在以往的物品提供方面，政府扮演着公共物品的唯一的直接生产者和提供者，参与了公共物品从被需要到被消费的整个过程，是唯一的参与者和主体，扮演者多重角色，承担着多重任务；而多中心治理的理论则通过其他主体、机制的参与，使政府通过多种方式将公共物品的部分生产任务委托给其他部门来提供。可以说，多中心治理中政府不再是唯一主体，而只是其中一个主体。政府的管理方式也从以往的直接管理变为间接管理①。在多中心治理中，政府更多地扮演了一个中介者的角色，即制定多中心制度中的宏观框架和参与者的行为规则，同时运用经济、法律、政策等多种手段为公共物品的提供和公共事务的处理提供依据与便利。

---

① 马晓东. 多中心理论视角下公共危机治理研究［D］. 北京：中央民族大学，2007.

第四节 社区防灾减灾自组织能力建设的 必要性和重要性

四川省自然灾害较多，灾害高发频发，易造成人员伤亡和财产严重损失，使个人、社区和社会的安全都受到影响。社区是防灾减灾的前沿阵地，是基层防灾减灾的组织细胞。一次次突发灾害事件证明，社区组织防灾减灾意识薄弱、防灾减灾知识欠缺、应急技能不足、救灾资源缺乏等，都将严重影响防灾减灾应对效率的提高。社区在灾前预防、灾中应急以及灾后重建过程中都扮演着重要的角色，实践证明，灾害发生后，社区居民自救互救的救灾效率最高。四川省社区防灾减灾工作主要靠政府的行政手段推进，以政府为救灾主导和主体。该模式往往弱化了其他社会组织与力量的作用，社区在防灾减灾中的作用未能有效发挥，社区能动性不足，自组织能力较弱，"等靠要"的现象普遍存在。推进社区防灾减灾能力建设，关键是社区的防灾减灾自组织能力建设。

一、社区是防灾减灾的第一响应主体

社区是基础，也是防灾减灾的前沿阵地。在灾害发生后，面对突发的灾害，社区不仅要在第一时间内面对，也要在第一时间内处理灾害。社区作为抵御灾害的第一线，在防灾减灾建设方面扮演着独到而无法取代的减少居民伤亡的角色，是防灾减灾的第一响应主体，是开展自救互救的第一场所。在专业应急救援力量还没有到达灾害现场之前，社区组织居民开展自救互救，起到灾害现场救援主体作用，能有效降低人员伤亡和财产损失。社区综合减灾能力和开展自救互救水平的提高，对于减少人员伤亡、减轻灾害损失意义重大。社区自组织能力建设不仅是社区建设的重要内容和目标之一，也是市场经济条件下经济社会协调发展的本质要求，在防灾减灾以及灾后重建等方面发挥着重要作用。

二、社区是开展防灾减灾教育与意识培养的基地

四川防灾减灾工作主要通过灾害监测与预警能力建设来提高灾害预防能力。社区自我开展防灾减灾教育，可以使社区居民及时、完全地掌握和了解防灾减灾主要知识与自救常识，知晓应急救灾设备的使用方法，第一时间进行灾害的监测和预警，提高社区防灾减灾能力。通过以社区民众为主体进行应急社区培育与赋权，凝聚社区共识与力量，并通

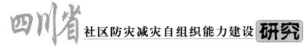

过推动减灾、预防措施，来减少社区的易致灾因子，降低灾害发生的机会，这样一旦发生灾害，民众也能够及时开展灾害应急处置与救援，并迅速推动恢复与重建工作，最终自主自发地领导社区向着可持续发展目标迈进。

三、提高社区防灾减灾自组织能力将有助于构建和谐社会

我国是世界上自然灾害最严重的国家之一，除了自然灾害外，环境污染、生产安全事故等也对人民生命的安全和社会的稳定构成威胁。而社区是城乡建设和发展的重要基础，也是防灾减灾工作的基层落脚点，社区防灾减灾自组织能力建设是社会经济不断发展、人民生活水平不断提高的迫切需要，是建设特色社区、平安社区、文明社区、和谐社区的重要载体。社区在防灾减灾中的资源和能力有限，要做好防灾减灾救灾工作，仅靠社区自身的力量远远不够，关键是挖掘、整合和利用好各种资源，通过自组织能力建设，协调各利益主体和各种防灾减灾力量之间的关系，建成防灾减灾安全社区。可以说，社区防灾减灾自组织能力建设程度和发展状况，是居民社区参与防灾减灾程度和社区认同的重要指标，也是评价社区治理的重要尺度。所以加强社区防灾减灾自组织能力建设，动员社区群众成为防灾减灾的实践者和参与者，可以达到社会稳定、社区平安、家庭安居乐业的目的，从而切实构建社会主义和谐社会。

第二章　社区灾害风险及评价

近年来，我国城乡社区防灾减灾救灾能力进一步提升，一些城市对社区风险评估进行了积极实践并取得了一定经验。例如，上海市2009—2011年开展了社区灾害风险评估，上海市民政局探索建立上海市社区综合风险评估模型，包括社区风险评估模型的开发和社区风险地图的绘制两部分。社区风险评估模型主要包括社区脆弱性评估、社区致灾因子评估和社区减灾能力评价三部分。社区风险地图包括五个内容：危险源、重要区域、脆弱性区域、安全场所和应对措施。深圳市在2012年10月启动全市公共安全评估，从街道和社区开始，对识别出的每一项风险综合分析其发生的可能性和后果严重性，对照风险矩阵图，评定风险等级，确定风险大小；将风险发生的可能性由低到高分为低等级、中等级、高等级、极高等级4个等级；共评估识别出公共安全风险源138项，其中中低等级风险87项，高等级风险46项，极高等级风险5项。评估结果是：深圳全市公共安全总体风险为中等偏高水平，在洪涝灾害、地质灾害、火灾事故、交通事故、生产安全事故、群体性事件等方面面临较高风险。这样从城市社区基层的风险评估实践入手，详细了解整个城市所面临的风险，才能有效开展城市应急管理工作。

第一节　社区灾害风险的特征

随着我国城镇化进程的不断加快，一方面城市由于地域有限且人口居住集中，在有限的土地建筑、管网等各类生产生活设施密集，尤其是很多地域存在老旧建筑或超高层建筑共存、地铁线路与地下综合管廊交错、大面积地下建筑连片等情况，给城市安全运行和市民生命财产安全带来巨大隐忧。这些设施一旦遭遇自然或人为灾害，广大基层社区就成了直接受体。另一方面，由于城市中社会经济活动频繁，极易形成人口集中趋势，如学校、医院、居民区、机场、火车站、城市地铁、大型商场、影剧院、养老机构等公共场所人员密度极大，如果发生火灾、内

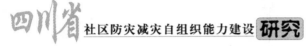

涝、个人极端事件、恐怖袭击等情况，社区作为最基层的组织单位，具有物资储备、人员动员、演练教育、公益宣传、隐患排查等安全服务职能，势必成为风险应对的主要力量。

由于社区的地域特殊性，人口、设施高度密集，社会经济活动活跃，形成了以下风险特征：

一、社区风险的不确定性

众所周知，风险具有不确定性，带有随机性特征。就社区而言，人员密集的社会活动更易引发各种风险，突出表现为事故灾难和各类安全事件。如火灾事故或生产安全事故的发生，往往是不确定、不可预测的，且大多数情况下是由人的安全意识不强、一时麻痹大意或疏忽引起的，和人们的风险防范意识有很大关系。

二、社区风险的普遍性

随着经济社会的发展，社区由于人口多、建筑高、设施密、经济活动频繁等原因，其暴露性和脆弱性加大，面临的环境压力增大。因此，除了一般的自然灾害外，各类事故灾难、食品卫生安全问题、公共安全突发事件等时有发生。大多数形态的灾害通常都发生在社区，社区面临的风险无处不在、无时不在，具有普遍性。

三、社区风险的社会性

风险具有不确定性，能够影响人的生命安全或财物损失的事件才能称为风险，风险天然就与人和人类社会共同存在，其发生发展的原因和影响的对象与后果，都离不开社会环境；没有人和人类社会，风险就无从谈起。社区作为居民生产生活的场所，其风险时刻关系着人的生存和发展，关系着社会的和谐和进步，因此，需要从社会性角度来认识和理解社区风险。

四、社区风险的多变性

社区风险不是单独存在，而是相互影响、变化发展的。灾害的发生最初只有一种形态，但时间、空间、环境的变化，可能导致多种形态、多种灾害的发生，形成灾害的连锁效应。例如城市内涝会导致居民区供水、供电中断，火灾会导致财物损毁、人员伤亡，化学品泄露会导致环境卫生问题等。尤其是在城市中，大部分灾害的发生都会影响到交通、供水、供电等城市基础设施（生命线工程）的正常运行，给居民生活和城市运行带来巨大影响。

五、社区风险的人为作用

社区人口密集、设施集中，人的活动往往是导致灾害发生的重要因素，例如火灾、地面塌陷、交通事故、生产安全事故、盗抢等。可以说除了自然灾害以外的事故灾难、公共卫生事件和社会安全事件均是人作用的结果，甚至部分自然灾害所造成的损失也是由人的活动带来的。以四川省成都市为例，据统计，成都市 2011—2015 年 5 年间平均每年火灾事故 5 691 起，平均经济损失 2 839.3 万元；尤其是 2013 年以后，连续 3 年火灾事故超过 7 000 起，是前两年的一倍多①。

第二节　社区灾害风险评估中存在的问题

城市社区的灾害风险评估也存在一些现实难题。社区灾害风险评估的方法和程序是否科学合理以及运行是否规范，会直接影响社区灾害风险隐患识别、分析和控制的效果。目前，社区灾害风险评估理论与实践在国内还处于起步阶段。尽管做了大量工作，但是，各种突发事件仍然对城市社区的风险管理工作提出了严峻的挑战。虽然大部分突发公共事件已经成功处置，如 2015 年天津港 "8·12" 瑞海公司危险品仓库特别重大火灾爆炸事故、2016 年深圳 "12·20" 山体滑坡灾害事件；但是在我们当前社区风险管理工作中的一些突出问题也暴露了出来。总的来看，有以下几个方面：

一、风险管理意识淡薄，风险评估理念缺失

从现状来看，城市社区内的风险管理意识普遍偏低，风险评估理念没有深入社区，社区居委会工作人员并不认为社区风险评估和应急管理是一项应该积极开展的工作，而更多是将社区应急管理看作一项政治任务、一种管理负担。在社区居委会工作人员这种消极被动的风险管理意识影响下，社区的风险评估工作脱离了社区的日常管理工作，导致社区的应急管理建设滞后，社区应急预案的实用性、可操作性不强，缺少对社区内部的风险识别和脆弱性分析，没有建立相关隐患排查和预警机制，信息报告的应急管理机制也不完善，无法落实应急管理的 "关口前移"，最终导致社区无法有效应对突发事件。

---

① 数据来源：2011—2015 年成都市国民经济和社会发展统计公报。

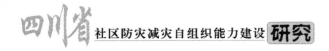

二、风险评估缺少顶层设计，应急准备工作不到位

由于我国城市公共安全管理的重点在于应急管理，在于事后处置，因此对事前的风险评估重要性认识不足、重视不够，仅将风险评估作为应急管理的一种手段，没有站在城市公共安全管理战略的高度对社区风险评估进行统一谋划和系统化设计。开展社区风险评估的城市也很少组织专门的课题研究，社区风险评估缺乏科学系统的理论支撑和指导，评估原则、评估指标体系、评估模型、评估依据、评估技术与方法、评估程序等没有规范化、标准化。同时，我国还没有出台公共安全风险评估的法律法规，只是在突发事件应对法和安全生产法等法律的个别条文中对相关内容有所涉及。城市风险评估只有政府系统内部的工作指导类的规则制度，并非由立法机关等部门制定的正式法律法规，对于社区风险评估工作更没有详细的规定和要求。

另外，缺乏专业人才也是一个比较现实的问题。我国城市社区灾害风险评估多为内部评估，评估主体是社区管理人员。但是，社区的自身力量并不足以开展风险评估工作，从事社区风险评估的人员大多数是临时抽调的，不具有专业知识和背景。与风险评估工作有关的业务培训较少且方式单一，社区工作人员对风险评估业务了解不深、流程不熟，难以满足评估需求。即使开展一些社区风险评估的培训，其培训内容也主要是讲评估怎么操作、风险等级分数怎么划定等技术性问题，很少涉及评估的理论依据，很多评估工作者对风险评估的内在逻辑与学理基础缺乏必要的认识，在实际评估中"知其然而不知其所以然"，容易造成风险评估的盲目性和不科学性。同时，这种内部评估模式呈现非公开性、非透明性以及封闭性特点，自我监督约束力度有限，容易出现评估过程形式化、评估目标偏离化等情况。

三、风险评估主体单一，落实"政府主导、专业评估、公众参与"原则不严

社区灾害风险评估的责任主体是所有对社区安全负有评估、管理、治理和服务职责的各种组织及相关责任人员。明确社区内相关部门与人员的职责，有助于社区灾害风险评估工作的有效落实。但长期以来社区群众的参与度不高、风险意识淡薄，甚至出现了评估的决策者与实施者合二为一的现象。通常情况下，社区的风险评估工作开展是被动地由外力推动，评估工作领导小组、应急管理部门、相关职能部门和基层政府主导及掌控对社区风险的整体评估，既负责提出评估动议，也负责召集

专家学者和基层代表参与评估，难免会将自己的倾向性意见渗透其中，使评估陷入"既当运动员又当裁判员"窘境，必然影响评估的客观性、中立性。在评估工作中，专业团队和专业机构的独立性与客观性不够。一般牵头开展社区专项风险评估工作的人员是政府部门各单位组织的各类专家、专业人员，他们来自体制内，存在附和政府决策的倾向。部分通过政府购买服务方式引入的专业评估机构，由于其评估经费来源于政府，评估主要参考和利用相关部门与各社区的各类风险评估结果，只是对存在评估空白和模糊的领域和区域进行补充调研及评估。社区群众在风险评估过程中的参与度不够，公众对评估结果的影响力极为有限。

四、评估方法运用有局限性

中华人民共和国国家标准《风险管理风险评估技术》（标准编号：GB/T 27921—2011）中列出的风险评估技术共有 31 种，有定量的、半定量的、定性的及其组合。城市社区灾害风险评估所采用的方法以宏观定性为主，具体有比较分析法、专家打分法、风险矩阵法。专家打分法的依据是专家的主观判断，由于专家的专业背景、工作经验的不同以及对自己研究领域内容的特别关注，可能产生风险判断的偏移和评估结果的误差。定量的风险评估理论分析方法主要有模糊理论、层次分析法、灰色理论等。风险矩阵法虽通过对风险因素发生的概率和影响程度进行量化评分，使得风险评估从定性分析转向半定量分析，但对事件发生可能性及影响因素的定量分级仍为经验性判断，缺少量化指标。这些方法与定量分析相比虽然简单且易于操作，但却影响了评估结果的精确度。随着学术研究的发展，单一理论的评估方法的缺点逐渐暴露出来，而且难以靠理论本身来弥补，单一的风险评估方法始终有其缺陷性。例如，职能部门的数据分析法所得到的数据，只反映了几个领域或区域的事故与伤害情况，就社区整体而言并不全面。同时，由于其统计口径和相关要求限制，有一些相同领域的事故与伤害数据并未全部纳入。又如，隐患排查法主要是从物的不安全状态和环境的不安全因素中查找隐患，而不能对人的不安全行为和行为背后的复杂原因进行分析。再如，问卷调查法只能针对特定的问题开展抽样调查，不可能全面和完全真实地反映辖区所有问题。多数社区的风险隐患排查形式单一、内容空洞、存在死角；在内容上，未对需要排查的项目进行客观的符合性判断，主要还是依靠人的经验做出判断，而这对基层人员的素质要求较高，因而收效不佳。因此，理论方法的结合使用以减少依靠单一理论进行风险评估带来的误差成为风险评估的新趋势，尽可能地综合运用多种方法开展安全风险诊断来查找问题及其成因。

五、没有建立统一的风险评估指标体系

由于影响城市公共安全因素的不确定性和复杂性，城市公共安全风险评估指标的选取与设置、评估指标的权重衡量确实有难度，但这并不意味着不需要建立统一的风险评估指标体系。一些城市虽然统一了风险评估的技术路线、风险确定的基本方法，但没有建立统一的评估指标体系和评估模型，这势必影响风险的评价精度，使评估结果难以具有可预测性与权威性。

另外，许多社区的防灾减灾缺乏技术支撑，一些社区缺乏减灾规划。一些社区制订了减灾应急预案，但是，这些预案缺乏基本的防灾减灾技术支撑。例如，缺乏对易发灾害、地质灾害监控点，需转移安置的特殊人员，紧急转移的路线，物资储备，避险场所的位置，报警方式等的规定和要求，因而预案操作性不强，成为挂在墙上的制度。大多社区缺乏社区风险评价图、救灾资源分布图和简单实用的救灾应急工具。一些社区虽然对开展应急演练积极性很高，但是对于人员动员、脚本设计、组织实施、问题查找、应急改进等应急演练的基本原则和方法缺乏深入认识与落实。

风险评估只是一种管理手段，其目的和价值不仅是发现风险，还有建立机制，制定风险管理的决策和措施，有效控制、化解风险。城市社区灾害风险评估存在的缺陷有：评估中落实防范、化解和处置措施的牵头部门与配合人员职责分配不清，容易造成评估后的防范化解和动态跟踪等工作难以有效落实；风险评估是制订应急预案的基础和依据，然而，应急预案并没有按照评估结果进行修订和演练；对评估结果的分析和开发利用不够，评估的功能作用难以发挥。同时，在对社区进行风险评估后，忽视风险的变化情况，甚至一些重大风险源都没有被纳入新的评估范围。由于内外部环境的变化，城市风险是流动的，原有的风险消失了，新风险又出现了。因此，风险评估并不是一个线性的过程，而是根据情形不断改变的，不可以一评了之。但是，很多城市的基层政府由于缺乏风险动态捕获机制，忽视了对新出现的风险的动态监测与跟踪评估。

由于社区在经济文化、生活习俗、居住人群、地理环境等方面存在差异，在全面了解社区情况的基础上做好社区风险诊断和评估是非常重要的。开展城市安全风险评估，是落实国家法律规定、履行政府社会管理和公共服务职能的根本要求。中央从国家长治久安的高度，强调开展风险评估的重要性及迫切性，对风险评估做了明确部署。2007 年 11 月施行的《中华人民共和国突发事件应对法》（简称《突发事件应对法》）

第五条规定"国家建立重大突发事件风险评估体系，对可能发生的突发事件进行综合性评估，减少重大突发事件的发生，最大限度地减轻重大突发事件的影响"，第二十条要求"省级和设区的市级人民政府应当对本行政区域内容易引发特别重大、重大突发事件的危险源、危险区域进行调查、登记、风险评估"。这些规定和要求，需要各级城市的政府管理部门对照找出城市政府职能存在的短板，拿出有效举措，力争有所突破。国家综合防灾减灾规划（2016—2020 年）也进一步指出，要完善国家、区域、社区自然灾害综合风险评估指标体系和技术方法，推进自然灾害综合风险评估、隐患排查治理；探索建立区域与基层社区综合减灾能力的社会化评估机制；开展社区灾害风险识别与评估，编制社区灾害风险图，加强社区灾害应急预案编制和演练，加强社区救灾应急物资储备和志愿者队伍建设；深入推进综合减灾示范社区创建工作，开展全国综合减灾示范县（市、区）创建试点工作。

因此，积极开展社区灾害风险评估制度的建设，开展社区灾害预防预警、治安犯罪预防警示和精神救助、心理危机干预等活动，倾听社区群众的意见，接受社区群众的监督，有助于提升社区群众的参与度，增强社区群众的风险忧患意识，提高社区风险评估的效能，并在一定程度上有助于增强社区群众对社区的认同感与归属感，从而更好地整合社区力量，维护社区内安全与稳定。要积极构建社区灾害风险评估制度的逻辑框架，研究设置有效的社区灾害风险评估指标，提出合理的社区灾害风险评估程序，针对不同类型社区面临的不同风险隐患做好科学规范的评估工作，选择科学的社区灾害风险评估计量方法，提高保障社区安全的能力。要进一步加强社区风险评估，促进社区应急管理建设，减少社区内突发事件的发生，维护社区秩序，保护社区居民人身和财产安全，这对城市的建设发展及社会的长治久安有着重要的意义和深远的影响。

第三节　社区灾害风险评价的理论和方法

社区风险评价是以"社区"这一特定地域为对象，识别可能发生在这一地域中的各类灾害风险，包括自然灾害、事故灾难、公共卫生事件和社会安全事件，并对灾害发生的概率及社区自身的脆弱性程度、恢复能力进行综合评价，以便更完整、更科学地衡量基层社区的总体风险程度和主要风险环节，进而做出有针对性的风险防控和应对措施，真正实现风险管理的关口前移。风险评价的目的就是为风险管理奠定基础，风险管理是对风险的事前预测和控制，不仅要注意控制、消除已存在的风险，还要注意预防、减少新的风险出现。风险管理的对象是"风险"，风险管理是对不确定性和可能性（风险）进行管理，主要包括对风险的识别、分析、控制、转移四大环节。开展社区灾害风险识别与评价，编制社区灾害风险分布图，要充分发挥好社区安全信息员的作用，让他们专门从事风险信息的收集、传递、整理、分析、评估等工作；当安全风险发生后，安全信息员可以在"第一时间"对灾害损失进行评价，将灾情准确上报有关部门，同时对灾民进行及时救助、确保灾民基本生活。风险评价是风险管理的重要环节，国内外学者对其研究已有近一个世纪，形成了众多的理论和实际操作方法。

一、风险评价的概念

根据国际标准体系 ISO 31000 风险管理标准的内容，风险评价是风险管理的一个重要环节（见图 2.1）。本书对风险评价做出如下定义：风险评价是风险识别、风险分析和风险评定的总的过程。参照国际标准组织对风险评价的定义，本书认为风险评价首先需要对风险源进行识别，找出具体可能致灾的风险因素，接着考察风险因子发生的概率和发生后造成的损失大小（可能性和危害程度），最后将其与公认的安全指标进行比较，判断风险的程度，并决定是否采取相应的应对措施。总体说来，风险评价就是在风险事件发生的前或后（但还没有结束）对给人们的生产生活、生命和财产等各个方面造成影响与损失的可能性进行量化评价的工作。

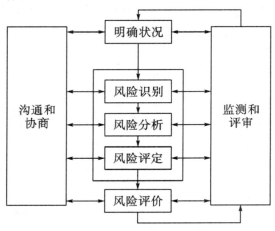

图 2.1　风险管理过程

风险评价最早产生于保险行业，伴随着工业化、城镇化、信息化的发展，它在生产安全、金融资产安全、自然灾害防治、信息安全、环境卫生等领域也逐步广泛被推广开来。风险评价具有流程性，根据其定义，得出其一般步骤，如图 2.2 所示。

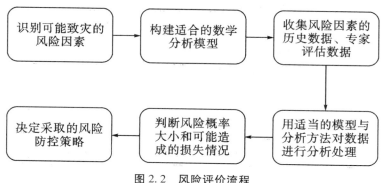

图 2.2　风险评价流程

社区风险评价是风险评价在灾害领域的拓展和具体化，是指以社区为具体地域范围，以社区中的人为主体，评价社区面临的各种灾害发生的可能性及其影响，并以此提出适合本社区的防灾减灾具体规划，达到灾前有效预防、灾中快速应对、灾后迅速恢复的作用。

由于不同研究机构和学者的认识不同，目前灾害管理领域的风险评价已产生了许多的方法和理论，形成了一系列的风险表达式。具有代表性的有以下几种[①]。

联合国（1991）：风险＝致灾因子×脆弱性×暴露性

Smith（1996）：风险＝致灾因子发生概率×损失

Winser（2000）：风险＝（致灾因子×脆弱性）－减缓

联合国（2002）：风险＝（致灾因子×脆弱性）÷恢复力

Yurkovich（2004）：风险＝致灾因子×脆弱性×暴露性×相互关联性

由于本书研究的范围为社区，且防灾减灾综合社区建设的目的就是减少社区的暴露性和脆弱性，提升社区自身的恢复与应对能力，因此，本书认为联合国 2002 年提出的"风险＝（致灾因子×脆弱性）÷恢复力"的风险表达式更能反映社区综合的风险情况。

二、对风险及评价的研究

社区是社会的微观组织单元，每个市民都生活在具体的社区里面，社会风险自然会在社区中反映出来。把社区风险评价与应对作为提升社

① 尹占娥. 城市自然灾害风险评估与实证研究［D］. 上海：华东师范大学，2009.

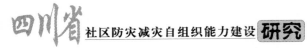

区治理水平和公共安全的一个重要组成部分，其意义和价值不言而喻。国内有很多学者很早就开始研究社区风险问题，也已形成一批有借鉴价值的研究成果，具体可以概括为以下几个方面：

1. 风险特征

徐芙蓉（2011）从社区面临的自然风险、博弈风险、制度风险、管理风险、安全风险五个方面切入，分析社区风险的四个特征，即社区风险的发酵与扩散性、时空的重叠性、内生性与外部嵌入性、理性与非理性交织，进而探讨产生的根源，并提出一系列治理路径。

唐桂娟（2014）选取上海市社区作为研究对象，从风险特征的视角分析影响上海市社区灾害风险的重要因素，并对典型社区的风险因素进行调查，最后得出不同类型的社区具有不同的风险特征的结论。

夏剑霙（2010）认为在社区层面开展风险评价，建立社区风险评价体系，有利于提高危机管理的整体能力；并按社区类型不同，从致灾因子和承灾体两个方面列出各类社区的风险因素，分析其发生概率、风险强度和综合等级，继而进行两个社区间的横向比较。

2. 风险治理

葛天任、薛澜（2015）认为从基层社区治理角度切入是政府引入现代社会治理理念，更加注重长远的、根本的、基础性的风险治理体系建设的一个有效的方式和方法，具有明显的针对性和可操作性。

钟开斌（2015）介绍了英国伦敦基层政府在应对各类风险和突发事件的过程中逐步建立了一套以全面风险登记为基本特点，包括发现风险、测量风险、登记风险、处置风险的风险管理体系。

唐庆鹏（2015）从国外弹性社区研究角度，强调在社区基层灾害管理中，重心下移、长期建构、风险共担、多元参与是提升社区应对灾害冲击和压力的有效途径。

滕五晓等（2014）从社区治理的角度提出政府、社会（组织）、基层社区多元参与的协同安全治理模式，认为社区风险评估由于具有专业性和参与性并重等特征，构建政府、研究机构、社会组织、社区多元参与的模式，可以在一定程度上分担风险，减少传统的层级式安全管理带来的效率低下、资源紧缺、方法单一等问题，提高风险评价的有效性，而且社区风险评估成果为社区民众分享，可以产生良好的社会效应。

3. 脆弱性

刘刚（2013）从社区灾害风险脆弱性分析出发，以兰州市城关区的5个社区为例，设计标准的社区灾害风险脆弱性评价指数，并基于层次分析法对社区灾害风险脆弱性进行模糊综合评价。

古茬欢（2016）认为灾害损失不仅仅受自然环境系统中致灾因子

的影响，更取决于社会经济系统的暴露度和脆弱性水平。脆弱性作为联系致灾因子与暴露度的重要纽带，决定了社会经济系统在致灾因子作用下的后果和损失；社会脆弱性作为脆弱性研究的重要领域，是社会经济系统在面临自然灾害时敏感程度的反映和刻画。该学者选择上海市作为研究区域，探讨了社区尺度的社会脆弱性特征。

刘含赟（2013）从社区脆弱性的视角考察各类安全事件，对社区风险的发生概率、危害程度和社区的抗灾能力进行评价，在达成治理共识的基础上，提出基于社区脆弱性的治理方略，并以杭州市 8 个新旧社区作为研究案例，从致灾性、承灾性、抗灾性三个维度构建社区脆弱性评价的框架，综合评价并分析比较不同社区的致灾因子、承灾系统和抗灾能力，得出社区在风险治理中存在的困境与不足。

4. 评价模型

张振国等（2013）构建了以社区各利益相关者和风险评价专家的广泛参与与交流为基础，以风险交流、风险识别、风险分析和风险评定等为主要内容，充分融合社区本地知识和风险评价专家知识的参与式灾害风险评价模型（CBPDRAM[①]）。

万蓓蕾（2011）建立了基于 AHP——模糊综合评价的模型，首先将社区数据通过标准化处理，形成符合社区风险评价模型要求的数据集，再应用模糊综合评价模型对致灾因子分析数据进行处理，和承灾体脆弱性进行综合，算出四大类致灾因子在自然灾害、事故灾害、公共卫生和社会安全中各单灾种的风险等级，通过评价不同风险对社区安全的影响程度，得到社区的综合风险指数。

以上学者从不同层面对社区风险进行分析和评价，涉及方法特征、治理、脆弱性、构建模型等各个方面，研究的结果具有重要的参考价值，但也存在两个方面的不足：一是重社区间的对比评价，对单个社区自身风险，尤其是人口与风险灾害之间的关系、社区自身应对灾害的能力建设等关注不足；二是定性研究较多、定量研究较少，反映社区风险大小和应对能力的量化数据不足。

三、风险评价的方法

不同种类的风险选用的评价方法各不相同，自然灾害风险、生产安全风险、环境卫生风险、财务管理风险、金融信贷风险、工程施工风险、企业经营风险、社会稳定风险等均有各自的评价方法。本节主要从社区的灾害风险出发进行评价方法阐述。

---

① CBPDRAM：Community-Based Participatory Disaster Risk Assessment Model。

1. 风险因素分析法

由于风险存在客观性、普遍性、规律性、可度量性等特征，故风险是可以被识别，进而被分析、转化甚至消除的。风险因素分析法正是从风险识别的角度切入，对可能导致风险发生的因素进行调查识别，并加以评价分析，从而考察风险发生的概率、后果损失的风险评价方法。其一般思路是如图2.3所示。

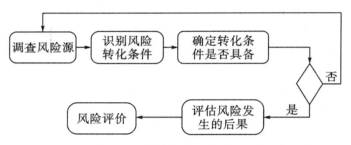

图2.3　风险因素分析法一般思路

按图2.3所示思路，风险因素分析法有两个关键点：一是对风险转化条件的判断。如城市内涝灾害，其风险转化条件为暴雨：如果是在冬季，而且是在非雨水充沛的区域，其风险转化条件就暂不具备；但在夏季，这项转化条件就很容易具备。因此确定风险转化条件也要因时因地而论，经常性地对转换条件进行重新筛选梳理。二是对各项因素的风险程度进行估计，包括单个风险程度和其对总体综合风险的影响程度。各项因素风险程度评估有两种方法：一是描述法，用"高、中、低"或"好、较好、中等、较差、差"等评判标准来进行描述，但由于缺乏固定量化指标，描述法通常只能粗略地反映出各因素的风险程度，且不便于衡量其对总体风险的影响。二是打分法，即将各项风险因素的具体情况与通行的标准进行对比，根据差异情况用绝对分值来表述社区的风险程度。同描述法相比，打分法可以量化结果，能更加详细地反映出项目的风险程度，所以更有利于考察其对总体风险水平的影响。此外，由于不同风险因素与总体风险之间的敏感关系不同，因此其对总体风险的影响程度亦存在差异，在评价总体风险时，可以使用适合的方法为不同的因素设置不同的权重，并对风险因素进行判断和排序。这里一般采用专家打分法或历史经验法来确定。

2. 风险率评价法

风险率评价法又称危险度评价法，主要通过计算系统风险率，并将其与风险安全指标进行比较。若风险率大于风险安全指标，则表明系统处于风险状态，反之则是安全状态。风险率的计算就是把风险从抽象的概念转化为一个可衡量的数量指标，而安全系统的作用就是设法减少或预防事故（灾害）的严重度，使风险率达到安全指标。

风险率使用数学表达式表示为：风险率＝风险发生的频率×风险发生的平均损失，这里的风险损失除了包括可以直接计算的直接损失外，还应当包括无形损失。无形损失可以按照一定的标准折换或按金额进行计算。风险安全指标正是基于对风险率的计算，在经验积累和统计运算的基础上，综合考虑当时的科技发展水平、社会经济情况、安全教育普及程度以及人们的心理因素等确定的社会公众能够接受的最低风险率。

3. 定性分析方法

定性分析方法是指对系统采用定性研究，根据系统本身具有的属性和内在规律，运用描述、演绎推理等方法来阐释所研究的对象。具体到风险分析中，就是从定性研究的角度来分析风险，从已识别出的风险出发，全面分析各项风险发生的概率和可能造成的损失，并与其他风险因素进行比较，得到风险排序，最后总体评价风险对系统目标的影响程度。

定性风险分析需要使用风险管理计划和风险识别所产生的结果。定性风险分析的目的是依据已识别风险的发生概率及其对系统目标的相应影响，对已识别风险的优先级别进行评价。通过风险优先级别的确认，为进一步的定量风险分析（如果需要）奠定基础。

在具体操作中，需要使用定性语言将风险的发生概率及其后果进行描述，一般可使用极高、高、中、低、极低五个层次来表达（见表2.1）。将表2.1中风险发生的概率与后果的估计值（如果需要，可以进一步量化）相乘，可以确定风险的等级大小。风险评分有助于对风险进行相对排序，从而根据实际情况提出风险的有效应对措施。

表 2.1　风险后果评价表

评价内容	极低 0.05	低 0.1	中 0.3	高 0.5	极高 0.8
损失	不明显的损失增加	损失增加小于5%	损失增加为5%~10%	损失增加为10%~30%	损失增加大于30%
范围	几乎察觉不到	少部分受到影响	大部分受到影响	绝大部分受到影响	几乎都要受到影响
不良影响	几乎不会产生不良影响	不良影响较小	不良影响较大	不良影响恶劣	不良影响非常恶劣

4. 定量分析方法

定量分析方法是指在风险评价过程中使用基于大量的实验数据和广泛的历史灾难统计资料分析得到的指标或规律（数学模型），并依据这些指标和相应的数据进行定量计算的分析方法。在大多数现实案例中，我们可以较容易获得一些定量的指标数据，如灾难发生的概率、灾难的破坏范围、致灾因子数量、各项致灾因子之间的关联度、能引起灾难发生的高危设施的数量等。定量风险评价是风险评价的精细化阶段，评价过程全部基于可以量化的数据，评价结果均以直观的数据表示，能够相对准确评价系统面临的风险值，也能明确表示各行各业可承担风险的能力和水平，并可由此确定各个系统的风险安全标准，即以风险指标衡量系统安全性，使风险评价工作走上精细化、科学化轨道。定量分析方法的一般思路如图 2.4 所示。

图 2.4　定量分析方法一般思路

本社区大量历史数据、已完成的类似社区的数据或一系列的模拟实验数据是计算风险发生的概率和后果的基础，而获取这些数据常用的方法有历史资料法、专家打分法、单元危险性快速排序法、理论分布法、外推法、敏感度分析法、伤害（破坏）范围评价法、决策树分析法和模拟法。不同的风险因素，获取数据的方法也存在不同，需要根据风险实际进行判定。通过以上方法，可以计算已量化的风险优先排序清单和风险发生趋势。

5. 定性与定量结合的分析方法

定性分析与定量分析在很多时候应该是统一、相互补充的。定性分析可以作为定量分析的前提，将很多无法量化的事物通过定性描述的方法得出相对量化的结论。在风险评价领域，定性分析与定量分析相结合，就是首先运用定性分析方法识别出风险因素、风险的特征、风险发生的概率和风险发生可能造成的损失，其次是运用数学方法构建评价的具体模型，并收集模型中需要的各项数据（对于不好直接量化的数据可以再通过定性分析给出相对量化数据），最后是计算最终评价的结果，得出风险值，并再次运用定性分析方法对结果和风险值进行完整、系统的描述，得出最终结论，并运用于实践。由此可见，定性分析与定量分析是相辅相成的，定性是定量的基础，定量是定性的具体化和依据。

以上五种风险分析方法是在风险分析中常见、应用较广泛的几种，它们的评价目标、特点、优缺点如表 2.2 所示。本章研究的是社区的综合风险，单纯的风险因素分析、风险率统计或定性、定量分析都难以实现综合评价的效果，因此，本书采用第 5 种定性与定量相结合的分析方法。

表 2.2　五种常见风险评价方法的评价目标、方法特点、优缺点

评价方法	评价目标	特点	优缺点
风险因素分析法	风险源、风险程度	通过经验归纳，运用描述和打分分析致灾因子与风险程度，考察风险的最终影响程度	简便、易于掌握，受分析评价人员主观因素影响，不够灵活
风险率评价法	灾害安全程度、致灾损失规模	以风险发生的频率乘以风险发生的平均损失，并与风险可承受能力即风险安全指标比较	简单、实用，但受评价人员主观因素影响，风险安全指标缺乏统一的标准
定性分析方法	风险排序、多风险条件下关键风险的分析	利用已识别风险的发生概率、风险发生对系统目标的影响，以及其他因素，对风险大小和权重进行排序	应用广泛，适用于对风险关键指标的分析，但存在一致性差异，不易操作
定量分析方法	风险概率，风险关联度、重要度，风险差异大小	基于大量的实验结果和广泛的事故统计资料，对系统的工艺、设备、设施、环境、人员和管理等方面的状况进行定量的计算，得出经科学计算的数据	需要大量数据收集整理、较强的数学运算能力，只能单个比较，不能多风险整体比较
定性与定量结合的分析方法	整体风险、风险总排序	通过定性方法采集特定风险的经验数据，把特定风险的数据代入建立或选定的具体解决模式，计算总体风险程度，并运用定性方法对结果进行分析	是多风险的总体评价，综合风险权重与风险取值，科学规范，但过程复杂，需要严密的分析计算

第四节　社区灾害风险评价框架

由于人员集中、设施密集、经济社会活动频繁等原因，社区风险因素增多，要在众多的风险因素中找出关键风险以及评估综合风险程度，需要选择合适的风险评价方法，该方法应具有可操作性、可复制性。

一、社区灾害风险评价内容

社区风险主要有三个方面来源：一是致灾因子的直接影响，如自然灾害和各类突发公共事件的影响，这部分属于风险形成的外因。二是社

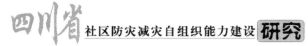
区的暴露度和脆弱性，即社区本身的安全设防不够或不设防，面对灾难较为脆弱，如房屋结构安全性不足、缺乏消防设施、人口防灾减灾素质偏低、老年人口多，属于风险形成的内因。三是恢复力，反映为灾前预防水平和灾后恢复能力。灾前预防工作做得越好，恢复力自然越强；灾后应对措施和防灾减灾物资准备越充分，灾后恢复水平自然就越好。

1. 致灾因子

致灾因子顾名思义是指在自然或人为环境中，能够对人类生命、财产或各种活动产生不利影响，并达到造成灾害程度的罕见或极端的事件。气象灾害如干旱、暴雨、洪涝、寒潮等，地质灾害如地震、滑坡、泥石流、崩塌、地面塌陷、地裂缝等，海洋灾害如风暴潮、海啸、海浪、赤潮等，均为致灾因子。并非所有的致灾因子都一定是需要防范和抵制的：当它们会对人们的生命财产和社会活动产生危害时，理当加强防范；但当它们发生时带来的坏处或危害小于益处时，则不需投入精力来防控。远离陆地的海底火山喷发、无人区的地震和山洪等，这些自然灾害在一定程度上可以促进地理空间活动的能量释放，不但对人类没有害处，反而可能会带来一些新的矿产资源和景观资源。

致灾因子分析能够识别危险现象的可能发生地与严重性，以及它们在特定区域、特定时间内发展的可能性。识别致灾因子一方面要靠科学信息，如地理、水文、天文、气象；另一方面也要参考曾经出现过的致灾因子及其出现频率。我国地域辽阔，在陆地上平原、山地、丘陵、高原、盆地五种基本地形类型均有分布，气候类型也有热带、亚热带和温带。因此，我国的自然灾害涉及的种类多且发生频繁，除现代火山活动外，几乎所有的自然灾害在我国都有发生。此外，我国人口数量多、密度大，各类生产生活活动日益频繁，这也导致致灾因子多，各类灾害灾难时常发生，且后果影响严重。

2. 暴露度—脆弱性

暴露是指人员，生计，环境服务和各种资源，基础设施以及经济、社会或文化资产处在有可能受到不利影响的位置。在社区中，暴露度可以从三个方面来看：一是人的暴露度，居住在危房里、走到没有交通信号灯的路口处等情况下暴露性均大幅提高；二是财的暴露度，如家中存放大量现金等暴露度较高；三是物的暴露度，主要是居民居住的房子、供水供电供气的基础设施存在安全隐患等。基本没有社区是绝对安全的，所以暴露本身是无法避免的。

脆弱性表示事物应对波动性、随机性、压力等的变化趋势，在灾害领域通常是指受到不利影响的倾向或趋势。脆弱性分析源于对自然灾害的研究，脆弱性包含的类别很广，在社区脆弱性评价中主要有物理脆弱性、经济脆弱性、社会脆弱性、贫困脆弱性、人口脆弱性等。

暴露度和脆弱性是一个问题的两个方面，一般而言暴露程度越高，脆弱性也越高，并会随不同的时间和空间尺度而变化。

3. 恢复力

恢复力研究始于国外，意思是跳回（或弹回）的动作强度。目前恢复力主要应用在生态环境方面，表示生态环境的自我抵抗能力和遭受破坏后恢复到打击前的平衡状态的能力。联合国国际减灾战略（UN/ISDR）参考恢复力在自然灾害领域的作用，对恢复力做出下述定义：系统、社区或社会抵抗或改变的容量在功能和结构上能达到的一种可接受水平。恢复力由社会系统自组织的能力、学习能力和适应能力（包括从灾害中恢复的能力）决定。在风险管理领域，恢复力可以理解为抵抗致灾因子打击的能力和回到受灾难破坏前状态的程度或水平。

致灾因子、暴露度—脆弱性影响着社区的整体风险大小和安全程度，恢复力影响着社区抵抗各种致灾因子打击和灾后恢复的能力，三者共同影响着社区整体风险水平（图 2.5）。

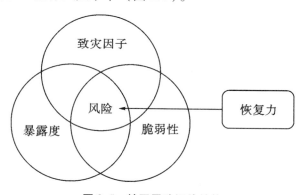

图 2.5　社区风险评价结构

二、社区灾害风险类别和表现形式

从社区安全的角度来看，影响社区安全的各种风险都可以称为事故和灾害，参照《突发事件应对法》对突发事件的四种分类，即自然灾害、事故灾难、公共卫生事件和社会安全事件，社区风险也可以从这个几个方面来识别。例如夏剑霆（2010）从上海社区的实际出发，归纳出影响上海市社区安全的致灾因子共计 39 项（其中自然灾害 12 项、事故灾害 14 项、公共卫生事件 5 项、社会安全事件 8 项）；刘含赟（2013）根据杭州市几个典型社区的具体风险特点、风险事故的相关文献、统计年鉴及专家选择，从风险因素的始发性、潜在性、扩散性等特征角度，挑选出影响杭州市社区安全的致灾因子共计23项（其中自然灾害5项、事故灾难10项、公共卫生事件3项、社会安全事件3项、国际事件2项）。这里特别需要说明，由于杭州邻接东海，作者把国际冲突事件的影响也列入社区致灾因子。本书综合其他学者和文献对致灾因子的分类，参考前期调研成果和各地社区灾害事件的历史数据，并运用专家访谈等方法，确定在四川社区中的主要致灾因子，如表2.3所示。

表2.3 在四川社区中的主要致灾因子

风险因素	致灾因子
自然灾害	暴雨（洪水、城市内涝）
	滑坡（泥石流）
	地震
	地面沉降
	雪灾（冰冻）
事故灾难	交通事故
	公共设施和设备事故
	火灾事故
	触电事故
	燃气事故
	环境污染事故
	生产安全事故
	高空坠物事故
	危化品泄露（爆炸）事故
	溺水事故
公共卫生事件	食品安全事件
	宠物伤人事件
	传染病事件
	群体性药物反应事件
社会安全事件	盗抢事件
	拆迁事件
	群体性事件
	个人极端事件
	涉外突发事件
	刑事案件

三、社区灾害风险评价方法

社区由于大小不同，涉及的地域、人口存在差异，其风险因素既有传统的可以量化的风险，也存在难以预测、只能用定性语言描述的风险。因此，本书拟采用专家评分法（德尔菲法，Delphi Method）对致灾风险因素发生可能性进行打分评价，利用层次分析方法对社区风险的各项评价指标进行重要性排序，并确定具体的权重值，再通过综合评价方法运用模糊数学、模糊运算将不同指标上多维度的数据统一到一个维度上来比较，实现定性分析与定量数据运算的结合，得到社区多风险的综合评价结果。

1. 德尔菲法

德尔菲法也称专家调查法，是在 20 世纪 40 年代由 O. 赫尔姆和 N. 达尔克首创，经过 T. J. 戈尔登和兰德公司进一步发展而成的。德尔菲法适用于定性分析中需要相当程度的主观判断时，为避免研究人员判断偏差而采用多专家问卷函询方式来提出更具科学性、完整性的意见。

德尔菲法的流程如图 2.6 所示。

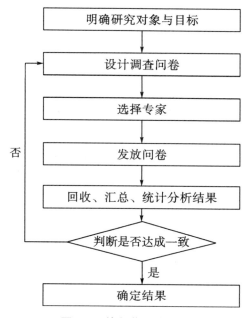

图 2.6 德尔菲法的流程

第一步，明确研究对象与目标。本书主要对社区进行风险评价，所以研究对象是社区，目标是对其进行风险综合评价。

第二步，设计调查问卷。本书以社区风险综合评价为总目标，需要结合社区实际设计下阶指标，并附指标含义。

第三步，选择专家。选择在相关领域有研究深度或实践经验的专家学者或一线工作人员，人数一般为 5~15 人。

第四步，发放问卷。寄送问卷，并提供相关背景资料。

第五步，回收、汇总、统计分析结果。回收所有专家的调查问卷，并进行汇总、统计分析。

第六步，判断专家意见是否达成一致。如达成一致则可确定结果，如未达成一致则重复步骤二至步骤五。若经过 3 轮以上，仍未达成一致，则需考虑调查问卷设计是否合理等因素，并进行重新设计。

第七步，确定结果。德尔菲法能吸收不同的专家与预测，充分利用专家的经验和学识，且由于采用匿名或背靠背的方式，能使每一位专家独立地做出自己的判断，不会受到其他因素的影响，最后经过几轮的反馈，使专家的意见逐渐趋同。

2. 层次分析法

层次分析法（Analytic Hierarchy Process，AHP）是美国匹茨堡大学的萨蒂教授于 20 世纪 70 年代初应用网络系统理论和多目标综合评价方法提出的一种层次权重决策分析方法。该方法是将与决策有关的元素分解成目标、准则、方案等层次，并在此基础之上进行定性和定量分析的决策方法。这种方法最重要的用途是做权重分析，尤其是在分析复杂问题时，可以把复杂问题分解为多项子问题，然后运用专家打分、社会调查等手段，以两两比较的方式确定各个子问题的相对重要性，形成判断矩阵，最后在满足一致性条件的前提下，得出各个子问题所占的权重。

层次分析法的具体步骤如下：

第一步，建立层次结构模型，将所要分析的问题分解为三个层次：目标层、准则层、方案层，然后把具体要分析的对象及涉及的指标依次代入这三个层次，形成完整的层次模型。

第二步，构造两两比较的判断矩阵（见表 2.4），在同层次的指标之间，两两比较其相对重要性，用比例、分数等具体数据进行标示。

表 2.4　层次分析法两两比较判断标度含义

标度	第 i 指标与第 j 指标比较结果	说明
1	k_i 与 k_j 重要性相等	两者对评价对象重要性相同
3	k_i 稍微重要于 k_j	两者之间判断差异轻微
5	k_i 重要于 k_j	两者之间判断差异明显
7	k_i 很重要于 k_j	两者之间判断差异较大

表2.4(续)

标度	第 i 指标与第 j 指标比较结果	说明
9	k_i 特别重要于 k_j	两者之间判断差异巨大
2、4、6、8	重要性在上述表述之间	判断属于上述两者之间

注：如 k_i 与 k_j 比较判断的结果为 k_{ij}，则 k_j 与 k_i 比较判断的结果为 $k_{ji} = 1/k_{ij}$。

第三步，计算判断矩阵的特征向量和最大特征值。首先将判断矩阵的每一列向量归一化处理，然后将归一化后的向量矩阵各行求和并除以行数得到一列的特征向量矩阵，再用判断矩阵与特征向量矩阵相乘，得到一列结果矩阵，将结果矩阵与特征向量矩阵相除后加总，再除以判断矩阵阶数，即为判断矩阵的最大特征值 λ。

第四步，进行矩阵的一致性检验。首先计算一致性指标 CI（Consistency Index），即 $CI =$（$\lambda-n$）/（$n-1$），n 为矩阵阶数；其次查表得到矩阵的平均随机一致性指标 RI（见表2.5），计算一致性比率 $CR = CI/RI$，最后比较 CR 值的大小。如果 $0 \leqslant CR \leqslant 0.1$，表明判断矩阵具有满意的一致性，判断矩阵有效。

表 2.5 平均随机一致性指标

矩阵阶数 n	1	2	3	4	5	6	7	8	9
RI	0	0	0.58	0.9	1.12	1.24	1.32	1.41	1.45

3. 综合评价法

综合评价法是指通过一定的数学模型将多个评价指标值"合成"一个整体性的综合评价值，是由美国加州大学伯克利分校自动控制专家查德（L. A. Zadeh）教授于1965年提出的。该方法根据模糊数学的隶属度理论把定性评价转化为定量评价（精确的数字手段），即用模糊数学对受到多种因素制约的事物或对象做出一个总体的评价。它具有结果清晰、系统性强的特点，能较好地解决模糊的、难以量化的问题，适合各种非确定性问题的解决。

综合评价方法的一般步骤如下：

第一步，构建综合评价指标。综合评价指标体系是进行综合评价的基础，评价指标的选取是否完备、适宜是影响综合评价准确性的关键，因此建立评价指标时除了应深度了解与该评价指标系统有关的研究资料和法律法规外，还要征求对应领域专家学者的意见，尽量达成广泛共识。

第二步，构建权重向量。一般采用的方法有专家经验法、德尔菲法、特征值法、AHP 层次分析法。权重对最终的评价结果会产生很大的影响，不同的权重有时会得到完全不同的结果。

第三步，进行单因素模糊评价，确定模糊评价矩阵。单独从一个因素出发进行评价，以确定评价对象对评价集合的隶属程度，进而建立适合的隶属函数，构建好评价关系矩阵。

第四步，合成评价矩阵和权重。采用适合的合成因子对其进行合成，并对结果向量进行解释。

第五节　社区灾害风险评价过程

一、社区自然灾害风险评价过程

第一步，制订风险评价计划。根据风险评价的目的和目标，确定相关研究人员，成立工作组，并制订详细的风险评价计划。

第二步，确定评价区域和参与人员。选择进行风险评价的社区，并确定其范围和需要参与风险评价的当地居民及相关政府部门人员。

第三步，确认评价所需资料及数据要求、来源。用于社区灾害风险评价的资料类型一般包括文字资料、统计数据、地图、遥感影像及实地调查资料 4 类。这 4 类资料均应体现以下内容：①社区背景与承灾体的基本信息，包括自然地理环境概况、社会经济概况、承灾体基本特征；②致灾因子特征信息，包括内涝灾害强度、频率及时空分布特征等；③社区脆弱性特征，包括各类承灾体的内在脆弱性、抗灾能力、灾后重建能力等；④历史灾情信息，包括人员伤亡、财产损失等。

第四步，进行社区居民风险认知分析。利用各种参与式 GIS[①] 方法收集和整理社区居民对灾害危险性、脆弱性、风险认知及对策与措施等内容的本土知识和经验，并将其转化为空间数据或可利用的信息。在此基础上，根据当地居民的风险知识，确定危险性评价、脆弱性评价和风险评价的标准。

第五步，进行社区灾害致灾因子分析。基于收集的基础数据和社区居民的内涝灾害危险性知识，利用 GIS 软件和内涝风险评价模型评价不同强度暴雨内涝灾害的发生概率、影响范围和空间分布特征。

第六步，进行社区灾害暴露分析。在危险性评价基础上，利用 GIS

---

① GIS：地理信息系统（Geographic Information System 或 Geo-Information System），有时又称"地学信息系统"，是一种特定的十分重要的空间信息系统。

软件叠加研究区建筑分布图，评价承灾家庭暴露的空间分布特征。

第七步，进行社区灾害脆弱性分析。基于收集的基础数据和社区居民的灾害脆弱性信息，建立研究社区不同家庭脆弱性曲线，并利用 GIS 软件分析不同灾害情境下家庭脆弱性空间分布特征。

第八步，进行社区灾害风险评价。基于致灾因子分析、暴露分析和脆弱性分析的结果与社区居民灾害风险认知标准，对各情境下的灾害风险进行评价。

二、社区公共安全风险评价过程

第一步，构造评价指标体系。按照社区公共安全风险的内在作用机理，将该系统分解为由若干评价指标组成的多层指标体系，一般每一层指标体系不超过 4 个。社区公共安全风险与一般自然灾害风险评价不同，安全是指免除了不可接受的损害风险的状态。

第二步，进行风险评价。风险源危险性识别是风险识别的核心，而风险源是指单独或联合具有内在的引起危险的因素。《突发事件应对法》中的突发事件，是指突然发生，造成或可能造成严重社会危害，需采取应急处置措施予以应对的自然灾害、事故灾难、公共卫生事件和社会安全事件。这四类事件的频率和强度都有差异，但其最终产生的主要负面后果都可通过伤亡人数和经济损失来表达，并可通过公共安全事件的伤亡人数和经济损失来识别其危险性。

第三步，进行风险分析。风险分析是风险研究的关键，为了计算风险的大小，必须进行风险分析。风险分析包括对危险性、暴露度、风险应对能力和风险认知的量化与处理，以得出评价结果。

第六节　社区灾害风险评价实例
——成都市锦江区华兴街社区风险评价

一、社区概况

四川省成都市锦江区春熙路街道下辖的华兴街社区位于成都市中心城区，东起红星路二段，西至暑袜北街，南起总府路，北至岳府街，面积 0.34 平方千米，共 26 条街道；有驻辖区部队 1 支（成都市消防支队七中队），省、市、区级机关单位 20 家，单位、商家店铺 979 家，居民院落 41 个（2 个近年新建商住楼宇，39 个院落属 20 世纪八九十年代修建的老旧院落）；2017 年人口 11 257 人，户籍数 4 091 户，流动人口

7 659 人，低保户 27 户 32 人（贫困人口），失业人口 60 人，残疾人 97 人，军烈属 19 户，70 岁以上老年人口 1 024 人。

二、社区灾害风险的影响因素

华兴街社区由于地处成都市中心，发生灾害的种类相对较少，主要是火灾、水灾等灾害。

1. 人口密度和流动性

华兴街的社区人口密度为 33 109 人/平方千米，属于人口高度集中区域，且由于紧邻成都最大、最繁华的春熙路商圈，流动人口占比达到 68%。大量集中的人口和活跃的商贸环境，给社区安全形势带来了严峻挑战，也为各类灾害的发生提供了土壤，道路交通事故、火灾、盗抢等时有发生，并且由于流动人口太大，增加了防灾救灾的难度。

2. 老旧建筑

社区老旧住宅和建筑（20 世纪 90 年代以前修建）占社区建筑总量的 90% 以上。还有 3 栋居民住宅属于低洼内涝区域，在雨水季节极易形成积水。长期受到城市内涝影响，居民生活受到极大影响。同时，老旧建筑的消防设施、消防通道等大都不完善，火灾隐患点较多。

3. 征地拆迁

一方面由于地理位置优越，另一方面老旧建筑过多，近年来政府已经开始启动对华兴街老旧院落的拆迁工作。受拆迁影响，各类安全事故、维稳信访、个人极端事件开始呈现演变苗头，也是基层社区面临的极大风险。

三、社区灾害风险评价的现状与不足

作为成都市综合减灾示范社区，华兴街社区按照《全国综合减灾示范社区标准》认真梳理出了社区灾害风险隐患清单、灾害脆弱人群清单、灾害脆弱住房清单，并按照要求绘制了风险地图。

1. 风险评价现状

目前，华兴街社区按照《全国综合减灾示范社区标准》开展风险评价工作，定期开展社区灾害风险排查，已形成社区内自然灾害、安全生产、公共卫生、社会治安等隐患清单。针对各类隐患及时开展防范措施并开展治理。社区拥有包括老年人、儿童、孕妇、病患者和残障人员等脆弱人群清单，明确了脆弱人群结对帮扶救助措施；拥有社区居民住房和社区内道路、广场、医院、学校等公共设施的安全隐患清单，制定了治理方案和时间表；拥有社区灾害风险地图，标示了灾害风险类型、强度和等级，风险点和风险区的时间、空间分布及名称。

　　根据风险识别和评价要求，华兴街社区组成了由社区书记任组长的风险隐患排查与处理小组，通过走访调查、分析讨论等方式，最终确定华兴街社区最主要的致灾因子有两项，即内涝和火灾。内涝集中在6月至9月，火灾集中在6月至次年1月；确定了内涝风险区域3处，分别为暑袜北一街79号、暑袜北一街145号、暑袜北一街157号，火灾风险区域十多处，分别为暑袜北一街79号、暑袜北一街145号、暑袜北一街157号等，均为老旧院落（20世纪90年代之前修建）。

　　2. 风险评价的不足

　　（1）风险识别不足

　　风险识别主要集中在自然灾害、事故灾难方面，没有统筹考虑公共卫生事件和社会安全事件等其他方面社区容易忽略的风险因素，此外，风险隐患排查主要通过历史经验、社区居民报告和摸查走访，没有进行过系统性排查和论证（见表2.6）。

表2.6　华兴街社区危险隐患清单

名称	位置	灾种	级别	受影响区域建筑面积/平方米	受威胁（院落）居民户及人数	监测人	
						姓名	电话
暑袜北一街79号院（低洼棚）	暑袜北一街79号	坍塌、内涝	三级	520	11户/30人	***	135 **** 0680
暑袜北一街145号院（低洼棚）	暑袜北一街145号	坍塌、内涝	三级	1 700	21户/45人	***	135 **** 0680
暑袜北一街157号院（低洼棚）	暑袜北一街157号	坍塌、内涝	三级	620	11户/25人	***	135 **** 0680

　　（2）致灾（风险）因子量化不足

　　由表2.6可以看出，三个隐患区域风险级别均定为三级，这里的"三级"缺乏量化标准，而且风险级别大小应该与人口数量、受影响面积、房屋年代等指标密切相关。没有经过指标量化的风险定级缺乏说服力，也不利于制定更有针对性的防灾减灾举措。

　　（3）缺乏总体评价

　　目前华兴街社区风险评价主要集中在对单个风险因素的评价上，考察单个风险的影响区域和人数，判断致灾级别，而没有对多风险因素的总体综合评价，不利于考察社区总体的风险水平。

四、风险评价实例

1. 致灾因子

按照社区常见风险因素表，20 位社区居民代表、社区工作人员、社区物业管理单位、街道办事处工作人员按照致灾因子发生概率等级评定标准（见表2.7）对华兴街社区各个致灾风险因素打分评价（见附录1），并对所有打分评价结果进行汇总分析，形成单个致灾因子的致险度评价（见表2.8）。列出华兴街社区实际存在的所有风险共计20项，分别为自然灾害 3 项（洪水、城市内涝、地震、地面沉降），事故灾难 9 项（交通事故、公共设施和设备事故、火灾事故、触电事故、燃气事故、环境污染事故、生产安全事故、高空坠物事故、溺水事故），公共卫生事件 3 项（食品安全事件、宠物伤人事件、传染病事件）、社会安全事件 5 项（盗抢事件、拆迁事件、群体性事件、个人极端事件、刑事案件）。暴雨（洪水、城市内涝）、交通事故、盗抢事件是本社区致险度最高的 3 类风险因素，其次为宠物伤人和火灾事故，还有 6 类风险因素几乎没有致险度。

表 2.7　致灾因子发生概率等级评定指标

情况描述	分值
5 年以上都没遇到过	0
5 年以上遇到 1 次	1
3~5 年遇到 1 次	2
1~3 年遇到 1 次	3
1 年遇到 3 次以下	4
1 年遇到 3 次以上	5

表 2.8　华兴街社区风险因素得分

致灾因子	风险因素	分值
自然灾害	暴雨（洪水、城市内涝）	4.45
	滑坡（泥石流）	0.00
	地震	2.20
	地面沉降	1.90
	台风	0.00
	雪灾（冰冻）	0.00

表2.8(续)

致灾因子	风险因素	分值
事故灾难	交通事故	4.75
	公共设施和设备事故	2.70
	火灾事故	3.00
	触电事故	2.00
	燃气事故	2.80
	环境污染事故	0.60
	生产安全事故	2.10
	高空坠物事故	2.35
	危化品泄露（爆炸）事故	0.00
	溺水事故	0.60
公共卫生事件	食品安全事件	0.85
	宠物伤人事件	3.60
	传染病事件	2.60
	群体性药物反应	0.00
社会安全事件	盗抢事件	4.15
	拆迁事件	3.00
	群体性事件	1.00
	个人极端事件	0.60
	涉外突发事件	0.00
	刑事案件	2.65

2. 风险评价指标及权重

社区综合风险评估主要通过一些反映社区本身抵御灾害和灾后恢复能力的指标来展示，也是社区综合减灾体系建设过程中风险应对、减灾能力建设的重要环节。

（1）风险评价指标体系的构建

一些学者在风险管理的不同领域都建立了较为科学的评价指标体系，但由于研究侧重点和时间、空间上的差异，指标体系中部分指标未必适用当前的社区风险评价。本书拟从防灾减灾"以人为本"的角度来初步筛选出相关指标集，再采用专家调查法即德尔菲法对初步筛选的指标集进行再筛选，进而提出相对合理、完善的评价指标体系。

社区灾害风险由于致灾因子多、涉及方面广等原因，需要从多因素、多角度进行综合评价，我们参照已有社区灾害风险评价指标研究成

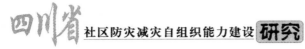

果，初步筛选出3个一级指标，21个二级指标（见附录2）。

本书研究的是社区风险评价，根据研究目的，我们邀请了研究应急管理的3位学者和政府从事应急管理工作的3位专家，并先后3次向他们发放调查问卷。6位专家间不接触沟通，每次调查问卷回收后根据汇总、分析结果重新设计问卷，并将结果反馈给各位专家。经过3轮问卷调查（见附录2、附录3、附录4）后，最终形成了危险性、暴露度—脆弱性、恢复力3个一级指标，19个二级指标构成的社区风险评价的指标体系（见表2.9）。

表2.9 社区风险评价指标体系

一级指标	二级指标	单位	指标属性
危险性 （A）	致灾因子数（A_1）	个	正相关
	风险区域数量（A_2）	个	正相关
	风险区域居民人数（A_3）	人	正相关
暴露度—脆弱性 （B）	20世纪90年代以前房屋数量（B_1）	栋数	正相关
	周围高危设施数量（B_2）	个	正相关
	人口密度（B_3）	千人/平方千米	正相关
	流动人口比重（B_4）	百分比	正相关
	贫困人口比重（B_5）	百分比	正相关
	失业人口比重（B_6）	百分比	正相关
	70岁以上老年人口比重（B_7）	百分比	正相关
	住改商（仓）数量（B_8）	个	正相关
恢复力 （C）	社区距最近医院距离（C_1）	百米	正相关
	社区距最近消防队距离（C_2）	百米	正相关
	社区距最近派出所距离（C_3）	百米	正相关
	应急预案编制及演练情况（C_4）	百分比	负相关
	减灾宣传教育及培训情况（C_5）	百分比	负相关
	消防（人防）设备配备率（C_6）	百分比	负相关
	隐患排查频度（C_7）	次/月	负相关
	应急避难场所容纳率（C_8）	百分比	负相关

（2）各指标的权重确定

评价指标权重的确定是多目标决策的一个重要环节，是指标在评价过程中不同重要程度的反映，是评价过程中指标相对重要程度的一种主观评价和客观反映的综合度量。因此，权重的赋值必须做到科学和客观，这就要求寻求合适的权重确定方法。确定权重的方法有很多，有专家打分法、调查统计法、序列综合法、公式法、梳理统计法、层次分析法和复杂度分析法等。为避免评价中的主观因素影响，本书采用层次分析法来确定指标权重。

首先，针对社区风险评价指标体系构建两两比较判断矩阵（二级指标之间两两相互比较形成的重要性判断矩阵）。为使判断矩阵更加科学、规范，课题组研究设计了专家打分表，经 3 位应急管理领域的专家和 3 位社区资深工作人员打分，按照最大原则确定了各个指标相互比较最终的重要程度。其次，依次计算层次权重值，即依据判断矩阵，计算特征向量和最大特征值，并按照一致性检验步骤进行一致性检验，通过后即可获得每一层次各要素的权重值（见表 2.10~表 2.13）。最后，汇总各个指标对总目标的权重，形成汇总表呈现（见表 2.14）。

表 2.10　判断矩阵一级指标

	A	B	C	权重	一致性检验
A	1/1	1/2	3/5	0.213 9	$\lambda = 3.018\ 3$
B	2/1	1/1	4/5	0.387 1	$CI = 0.009\ 2$
C	5/3	5/4	1/1	0.399 0	$CR = 0.015\ 8 < 0.1$

表 2.11　判断矩阵二级指标 A

A	A_1	A_2	A_3	权重	一致性检验
A_1	1/1	4/3	5/3	0.424 0	$\lambda = 3.000\ 5$
A_2	3/4	1/1	4/3	0.326 9	$CI = 0.000\ 2$
A_3	3/5	3/4	1/1	0.249 1	$CR = 0.000\ 4 < 0.1$

表 2.12　判断矩阵二级指标 B

B	B_1	B_2	B_3	B_4	B_5	B_6	B_7	B_8	权重	一致性检验
B_1	1/1	2/1	1/1	3/4	1/2	1/2	3/2	1/2	0.103 8	
B_2	1/2	1/1	1/1	5/3	5/3	5/3	2/1	1/1	0.140 6	
B_3	1/1	1/1	1/1	3/1	3/1	3/1	4/3	2/5	0.183 9	
B_4	4/3	3/5	1/3	1/1	1/1	1/2	1/2	5/4	0.087 3	$\lambda = 8.991\ 4$
B_5	2/1	3/5	1/3	1/1	1/1	2/3	5/4	5/4	0.098 4	$CI = 0.141\ 6$
B_6	2/1	3/5	1/3	2/1	2/1	1/1	2/3	5/4	0.131 9	$CR = 0.100\ 0 \leqslant 0.1$
B_7	2/3	1/2	3/4	2/1	3/2	3/2	1/1	3/2	0.126 1	
B_8	2/1	1/1	5/2	4/5	4/5	4/5	2/3	1/1	0.128 1	

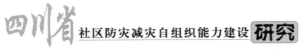

表 2.13 判断矩阵二级指标 C

C	C_1	C_2	C_3	C_4	C_5	C_6	C_7	C_8	权重	一致性检验
C_1	1/1	1/1	3/2	3/4	4/3	4/3	4/5	3/2	0.131 5	
C_2	1/1	1/1	4/3	3/4	3/2	2/3	4/5	3/2	0.122 0	
C_3	2/3	3/4	1/1	2/3	3/5	3/5	2/3	2/3	0.080 2	$\lambda = 8.362\ 3$ $CI = 0.051\ 7$
C_4	4/3	4/3	3/2	1/1	4/3	4/5	3/2	4/3	0.144 6	$CR = 0.036\ 7$
C_5	3/4	3/2	5/3	3/4	1/1	4/5	1/1	3/4	0.117 3	< 0.1
C_6	3/4	3/2	5/3	5/4	5/4	1/1	2/1	2/1	0.162 9	
C_7	5/4	5/4	3/2	2/3	1/1	1/2	1/1	3/1	0.145 1	
C_8	2/3	2/3	3/2	3/4	4/3	1/2	1/3	1/1	0.096 3	

表 2.14 对总目标的权重汇总表

	A	B	C	权重
	0.213 9	0.387 1	0.399 0	
A_1	0.424 0			0.090 7
A_2	0.326 9			0.069 9
A_3	0.249 1			0.053 3
B_1		0.103 8		0.040 2
B_2		0.140 6		0.054 4
B_3		0.183 9		0.071 2
B_4		0.087 3		0.033 8
B_5		0.098 4		0.038 1
B_6		0.131 9		0.051 1
B_7		0.126 1		0.048 8
B_8		0.128 1		0.049 6
C_1			0.131 5	0.052 5
C_2			0.122 0	0.048 7
C_3			0.080 2	0.032 0
C_4			0.144 6	0.057 7
C_5			0.117 3	0.046 8
C_6			0.162 9	0.065 0
C_7			0.145 1	0.057 9
C_8			0.096 3	0.038 4

（3）社区风险脆弱性主要因素分析

从表的总排序中可以看出，权重大于 0.05 的因素有 10 项，它们按权重高低依次分别为：致灾因子数、人口密度、风险区域数量、消防（人防）设备配备率、隐患排查频度、应急预案编制及演练情况、周围高危设施数量、风险区域居民人数、社区距最近医院距离、失业人口比重。这 10 项对总目标的重要性达到 62.37%，都是需要重点关注的方面。

3. 综合评价

首先对指标量化标准进行定义。

A_1：致灾因子数。以致灾因子分析华兴街社区涉及的所有因子数作为数据值。

A_2：风险区域数量。通过实地走访+社区调查的方式获得风险区域数量数据。

A_3：风险区域居民人数。确定了风险区域数量后，统计生活在风险区域中的人数情况。

B_1：20 世纪 90 年代以前房屋数量。以社区登记房屋年限为准。

B_2：周围高危设施数量。高危设施主要指社区范围内的加油站、油罐站、化学工厂、随时会倒塌的危房或危墙等。

B_3：人口密度。量化标准为社区总人口数/社区总面积。

B_4：流动人口比重。该指标是统计非本社区户籍的、在本社区租房或工作超过半年的人口数量，量化标准是流动人口数/社区总人口数。

B_5：贫困人口比重。该指标是统计在街道登记的属于本社区的低保人员数量，量化标准是低保人员数量/社区总人口数。

B_6：失业人口比重。该指标是统计在街道社保窗口登记的属于本社区的失业人员数量，量化标准是失业人口数量/社区总人口数。

B_7：70 岁以上老年人口比重。该指标是统计本社区 70 岁以上老年人口数量，量化标准是 70 以上老年人口/社区总人口数。

B_8：住改商（仓）数量。该指标为日常社区网格管理员排查收集所得住宅改商店（仓库）的数据。

C_1：社区距最近医院距离。量化标准为以社区服务中心为起点，到最近的二级乙等以上医院的道路千米数。

C_2：社区距最近消防队距离。量化标准为以社区服务中心为起点，到最近的消防队的道路千米数。

C_3：社区距最近派出所距离。量化标准为以社区服务中心为起点，到最近的派出所的道路千米数。

C_4：应急预案编制及演练情况。按照《全国综合减灾示范社区标准》评分表①中要求的第 3 项"应急预案"项目评分要求评分，量化标准为实际得分/应急预案项目总分。

C_5：减灾宣传教育及培训情况。量化标准为按照《全国综合减灾示范社区标准》评分表中要求的第 4 项"宣传教育培训"项目评分要求评分，缺一个扣减 5%。

C_6：消防（人防）设备配备率。消防（人防）设备配备按照要求应每栋楼、每层楼都需配备，量化标准为缺少一个地方配备率扣减 2%。

C_7：隐患排查频度。量化标准为每月排查各类风险隐患次数（包括安全检查、演练）。

C_8：应急避难场所容纳率。量化标准为社区内应急避难场所可容纳人数占社区总人口（常住人口）比例，即应急避难场所可容纳人数/社区总人数。

依据以上指标体系的量化标准，经过实地调研和走访摸查，确定华兴街社区 19 个指标的评价数据（见表 2.15）。

表 2.15　华兴街社区 2016 年社区灾害风险脆弱性评价

二级指标	单位	指标属性	华兴街社区数据值
致灾因子数（A_1）	个	正相关	20
风险区域数量（A_2）	个	正相关	3
风险区域居民人数（A_3）	人	正相关	30
20 世纪 90 年代以前房屋数量（B_1）	栋数	正相关	39
周围高危设施数量（B_2）	个	正相关	0
人口密度（B_3）	千人/平方千米	正相关	33.1
流动人口比重（B_4）	百分比	正相关	68.04
贫困人口比重（B_5）	百分比	正相关	0.28
失业人口比重（B_6）	百分比	正相关	0.53
70 岁以上老年人口比重（B_7）	百分比	正相关	9.10
住改商（仓）数量（B_8）	个	正相关	5
社区距最近医院距离（C_1）	百米	正相关	5.3
社区距最近消防队距离（C_2）	百米	正相关	4.6

① 国减办发［2013］2 号，《国家减灾委员会办公室关于印发全国综合减灾示范社区标准的通知》。

表2.15(续)

二级指标	单位	指标属性	华兴街社区数据值
社区距最近派出所距离（C_3）	百米	正相关	11
应急预案编制及演练情况（C_4）	百分比	负相关	100
减灾宣传教育及培训情况（C_5）	百分比	负相关	100
消防（人防）设备配备率（C_6）	百分比	负相关	100
隐患排查频度（C_7）	次/月	负相关	4
应急避难场所容纳率（C_8）	百分比	负相关	8.00

由于原始数据的量纲不统一，需要对表2.15中的原始数据进行标准化处理。其中致灾因子数、风险区域数量、风险区域居民人数、20世纪90年代以前房屋数量、周围高危设施数量、人口密度、流动人口比重、贫困人口比重、失业人口比重、70岁以上老年人口比重、住改商（仓）数量、社区距最近医院距离、社区距最近消防队距离、社区距最近派出所距离等指标与社区灾害风险脆弱性呈现正相关性，即数值越大，脆弱性越高，风险也越大，而应急预案编制与演练情况、减灾宣传教育及培训情况、消防（人防）设备配备率、隐患排查频度、应急遇难场所容纳率等其余指标与社区灾害风险脆弱性呈现负相关，即数值越大，脆弱性反而越低，风险也相应缩小，故采用极差正规化方法进行数据标准化处理[①]。将数据输入 SPSS 统计软件做标准化处理后，19个指标与社区灾害风险脆弱性的相关关系就一致了，并且消除了原始数据量纲不一致的影响（见表2.16）。

将表2.14中的各指标权重构成的行矩阵与表中的19个经标准化处理后的数据构成的列矩阵相乘则获得华兴街社区的灾害风险情况（表2.16）。

表2.16　华兴街社区各个风险指标得分情况

二级指标	标准化后的数据	权重	风险得分
致灾因子数（A_1）	0.931 3	0.090 7	0.084 5
风险区域数量（A_2）	−0.428 5	0.069 9	−0.030 0
风险区域居民人数（A_3）	1.731 2	0.053 3	0.092 3
20世纪90年代以前房屋数量（B_1）	2.451 1	0.040 2	0.098 5

---

① 李静. 土地评价指标标准化方法研究［D］. 兰州：甘肃农业大学，2012.

表2.16（续）

二级指标	标准化后的数据	权重	风险得分
周围高危设施数量（B_2）	-0.668 5	0.054 4	-0.036 4
人口密度（B_3）	1.979 1	0.071 2	0.140 9
流动人口比重（B_4）	-0.614 1	0.033 8	-0.020 7
贫困人口比重（B_5）	-0.668 3	0.038 1	-0.025 5
失业人口比重（B_6）	-0.668 1	0.051 1	-0.034 1
70岁以上老年人口比重（B_7）	-0.661 2	0.048 8	-0.032 3
住改商（仓）数量（B_8）	-0.268 5	0.049 6	-0.013 3
社区距最近医院距离（C_1）	-0.244 5	0.052 5	-0.012 8
社区距最近消防队距离（C_2）	-0.300 5	0.048 7	-0.014 6
社区距最近派出所距离（C_3）	0.211 4	0.032 0	0.006 8
应急预案编制及演练情况（C_4）	-0.588 5	0.057 7	-0.034 0
减灾宣传教育及培训情况（C_5）	-0.588 5	0.046 8	-0.027 5
消防（人防）设备配备率（C_6）	-0.588 5	0.065 0	-0.038 3
隐患排查频度（C_7）	-0.348 5	0.057 9	-0.020 2
应急避难场所容纳率（C_8）	-0.667 8	0.038 4	-0.025 7
总体风险评价	1.000 0	0.057 5	

由于指标数据经标准化处理后全部为相对正相关，故风险得分为正值的指标说明存在风险隐患，需要给予重点关注。根据表2.16可知，华兴街社区总体风险评价为正数（0.057 5），说明是存在一定安全风险的。有5项风险指标需要给予重点关注，按照风险得分排序依次为人口密度（0.140 9）、20世纪90年代以前房屋数量（0.098 5）、风险区域居民人数（0.092 3）、致灾因子数（0.084 5）、社区距最近派出所距离（0.006 8）。这5项风险指标在华兴街社区的实际情况为：①辖区人口密度过大，每平方千米常住人口超过3.3万人，而2017年全国每平方千米平均人口密度为146人①，成都市每平方千米平均人口密度为1 295人②，社区的数据分别为全国的226倍、成都市的25倍多。由于社区紧挨成都市最繁华的商业街区春熙路，如此之高的人口密度必然导致各类风险发生的概率都增大很多。②20世纪90年代以前的老式居民楼居多

---

① 数据来源：中国2017年国民经济和社会发展统计公报。
② 数据来源：成都市2017年国民经济和社会发展统计公报。

（占总体居民院落的95%），房屋老旧、线路老化、给排水设施不完善等原因致使火灾、内涝等灾害隐患巨大。③目前华兴街社区有三处院落被列为安全隐患点，均属于低洼棚户区。有两个院落的住户在街道社区的干预下已经被转移搬迁出去，但仍有一个低洼棚户院落未能搬迁成功，仍有11户30人左右居住，安全隐患较大。④有部分致灾因子容易被忽略。现在社区主要针对火灾和内涝这两类重点隐患进行巡查与整治，但由于社区地处闹市，流动人口众多（占常住人口的68%），且院落老旧，物业管理、安保措施均不能达到很好效果，盗抢、拆迁、交通事故等隐患极易被忽略。⑤离春熙路街道派出所距离相对较远，且由于街道派出所警力主要放在维持春熙路商圈治安方面，在社区层面难免会有不足。

4. 华兴街社区风险控制与应对策略

综合考虑社区实际情况，华兴街社区可以从以下几个方面提高风险防控能力：①继续深化社区网格化管理工作，完善网格化管理信息平台的数据更新，配合公安部门做好社区人口的动态监控，切实防控因人口因素带来的风险增大趋势。②完善隐患巡查排查制度，坚持检查有记录、问题有整改。加大旧房、危房改造力度，保持消防、管网更新频率，定期聘请专业评估机构对各类老旧房屋进行安全评估，确保建筑住房安全。③加大低洼棚户区居民搬迁工作力度，做好住户的政策解释和安全宣传教育，向街道、区委区政府争取更多政策支持。④关注社区其他灾害隐患，再次全面梳理社区可能发生的灾害清单，并提出具体风险管控措施。⑤积极与社会组织合作，努力完善社区减灾志愿者服务队伍建设，积极组织志愿者队伍参加防灾减灾宣传教育和有关处置工作，使其成为综合减灾预警、救助、服务的主力军。⑥继续开展好防灾减灾宣传教育工作，围绕重点隐患和居民防灾减灾意识现状，健全防灾减灾宣传工作机制，开展形式多样、活泼生动的防灾减灾知识普及活动，切实提高居民防灾减灾知识素养。⑦建立信息沟通机制，与公安、消防、卫生、电力等相关部门建立沟通联系机制，形成信息互通、合作高效、反应迅速的应急管理体系。

社区风险识别与评价作为国家综合减灾示范社区建设的重要一环，肩负着维护居民生活安全、推动城市公共安全的重要使命。城市中一切灾害灾难的发生都会涉及社区，在社区的层面来防控风险是风险管理关口前移的重要方式。本章以成都市华兴街社区为样本，深入分析社区可能发生的自然灾害、事故灾难、公共卫生事件和社会安全事件等各种致灾因子的具体表现形式，对社区本身存在的暴露区域和脆弱环节进行分析和归纳，同时从社区本身拥有的防灾减灾能力（恢复力）入手，提出提升社区风险防控能力、加强应急处置能力的可行路径。通过对华兴街社区的风险综合评价，得出以下启示：一是要加强社区综合信息平台建设，将风险管理情况纳入信息平台建设范畴，提升风险信息的收集能力和及时性、准确性，为风险评价的及时有效奠定基础；二是要做好风险巡查排查工作，坚持关口前移理念，坚持日日有监控、周周有检查、月月有总结、事事有登记，提升风险预防水平；三是要建立联动机制，各个社区要与公安、消防、医疗、企业、社会公益组织等机构做好应急协调联动，密切配合，共同做好风险防控；四是要抓好重点区域、重点人群的风险监控，重点区域、重点人群天然具有暴露性强、脆弱性高的特点，要从着力加强风险防控能力入手，加大监控力度，制订针对性措施，提升风险抵御能力。

社区风险由于其致灾因子多种、影响因素多样，很多内容还难以量化考核，必须要建立一套相对完整、科学、有效的指标体系来进行综合评价。为避免传统评价方式的不足，由本章的实例分析可以得出，社区风险评价可按照以下几个步骤来展开：

第一步，广泛运用专家打分、专家调查、专家评估等方法，集众多学者研究和认识之所长，避免社区灾害致灾因子识别不全、风险认识不到位、风险评估不严谨等问题。

第二步，评价过程尤其指标权重的确定尽量采用定性与定量相结合的研究方法（如层次分析法等）。通过一次次的综合对比分析，给出相对量化的数值，并进行逻辑严密的推演，形成系统化、层次化的结果。

第三步，定量数据分析注意统一量纲，不同指标的数据存在量纲上的差异，因此需要运用数理统计方法进行数据标准化处理，让各项指标数据处在同一个维度内，以便进行计算分析。

第四步，进行综合评价，将权重和统一量纲后的数据合并计算，得出综合评价得分，对综合得分和各项指标得分进行分析，判断风险大小，并有针对性地提出风险防控和应对措施，达到风险管理关口前置的目的。

第三章　社区防灾减灾自组织
能力提升途径

　　社区是人口密集、生活要素集中的区域，是城市生活的基本细胞。社区防灾减灾是城市应急管理的一个重要组成部分。社区防灾减灾自组织能力是防灾减灾能力的重要基础。近年来，四川省部分地区已经逐步形成了从各级政府到社区基层的防灾减灾体系。但是，与防灾减灾能力较强的沿海地区相比，四川的社区防灾减灾能力还比较弱，一次中等规模的自然灾害就会导致人员伤亡和大量经济损失。因此，提升社区防灾减灾自组织能力，对有效防范灾害风险、降低灾害损失，具有十分重要的作用。

第一节　社区灾害的特点及社区防灾减灾的
内容和特点

一、社区灾害的特点

　　四川省自然灾害多发频发，大灾突发连发。2008 年"5·12"汶川地震、2013 年"4·20"芦山地震、2014 年"11·22"康定地震、2017 年"8·8"九寨沟地震、2011 年"9·18"特大暴雨、2013 年"7·10"特大山洪泥石流等重特大自然灾害，给灾区经济社会发展造成严重影响、给人民群众生命财产造成重大损失。由于社区人口众多，建筑物密集而高大，经济活动和财富集中，社区灾害具有种类多、频度高、发展快、损失重、影响大、突发性强、连发性强、损失增长较快等特点。

　　1. 社区的灾害种类繁多，环境灾害日益突出

　　四川地处西南山区，地质地貌复杂，气候多变，原生环境脆弱，地质、气象、洪涝、干旱及地震等自然灾害多发，是自然灾害最重的省份之一，加之极端强降雨过程及地震灾害导致崩塌、滑坡及山洪泥石流等

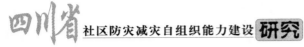

次生灾害高发频发，灾情重、损失大。随着经济的发展，社区遭受灾害的机会大大增加，灾害的种类也越来越多。伴随着人类的资源开发和工程活动又出现了多种新的灾害，如水库诱发地震、地下交通和管网建设导致采空塌陷、热岛效应、工程事故以及化学污染、大气污染、垃圾污染、工业和生活废水污染、噪声污染、电磁污染、酸雨、热浪、地下水位下降引起地面下沉等多种环境灾害，对社区人口构成更加严重的威胁。

（1）地震灾害

地震是一种破坏力极强的自然灾害。四川省地处环太平洋地震带与欧亚地震带交界地带，几条断裂带穿过四川，地质构造复杂，地震活动频繁，是全国地震最多的省份之一。最近 10 年遭受的几次大的地震灾害，给四川多地造成了严重的经济损失和人员伤亡。

（2）洪涝灾害

洪涝灾害是由暴雨或急骤的冰雪融化以及水利工程失事等原因引起的江河湖泊水量迅猛增加、水位急剧上涨而冲出天然水道或人工堤坝所造成的灾害。四川盆地位于秦岭—淮河以南的南方地区，气候类型为亚热带季风气候，夏季高温多雨。由于四川盆地周边山高坡陡，暴雨过后容易发生山洪、泥石流，加上城市化进程快速发展改变了原有的自然景观，市政基础设施承载力超负荷，部分建筑达不到设防标准，使有些灾害相对减弱，而另一些灾害则相对加强。例如，社区不透水地面增加，排涝设施不完善，城市排水系统跟不上城市建设，导致城市内涝现象突出，使许多社区都受到洪涝灾害风险的威胁和影响。

（3）气象灾害

社区气象灾害的类型众多，如干旱、暴雨洪涝、高温热浪、大风、热带气旋、风暴潮、雾霾、雷电、冰雪、沙尘暴等。社区面临的气象灾害具有季节性明显（主要集中在夏季）、连锁性强、集中突发、灾害损失大等特点。

（4）地质灾害

地质灾害是指由地质动力作用导致岩土体位移、地面变形以及地质自然环境恶化，危害人类生命财产安全的地质现象，如崩塌、滑坡、泥石流、地裂缝、地面沉降、砂土液化、土地冻融、水土流失、土地沙漠化及沼泽化等。地质灾害包括突发性地质灾害与缓变性地质灾害；前者如崩塌、滑坡、泥石流等，即狭义地质灾害；后者如水土流失、土地沙漠化等，又称环境地质灾害。

（5）火灾

城市火灾多是人为造成的，分为固体火灾、液体火灾、气体火灾、金属火灾，按火灾发生的场所又可分为工业火灾、基建火灾、商贸火灾、教科卫火灾、居民住宅火灾、地下空间火灾等。

2. 承灾体多，灾害造成的损失异常严重，区域差异大

社区灾害的承灾体众多，包括各种建筑物，构筑物，供水、供电、供气、供热、通信等生命线工程以及水利工程设施，交通设施，文物古迹，等等。近年来，四川的防灾减灾能力有了显著提高，但大灾、巨灾仍然经常发生，灾害损失不断攀升。由于四川水系发达、河流众多，许多城镇都是沿江、沿河、靠山修建，每年都会遭受自然灾害。在同等灾害条件下，不同地区所遭受的经济损失差异较大。通常经济发达地区比经济欠发达地区、城市比农村的损失要大得多。

3. 次生和衍生灾害多，连锁反应明显

作为巨大的人工生态系统，社区从根本上改变了自然界原有的物质和能量循环方式，需要依靠人工建造的供水、排水、供电、燃气、通信、交通等生命线系统来维持；城市各产业部门之间特别是工业和交通部门之间的联系十分紧密、复杂。一旦发生灾害，将造成一个或多个生命线系统损坏，很容易形成连锁反应，产生一系列次生灾害和衍生灾害。

4. 灾害损失增长快，影响深远

当今社会，由于城市人口的增长、经济的密集，地震、台风、洪涝等灾害造成的损失呈现出日益加大的趋势。并且，随着工业和城市化的迅速发展、社会财富的不断增加，人类的生产力水平有了空前提高。为了满足急剧增长的需要，掠夺式地开发自然资源，如过量抽取地下水、大量开挖地基和路基，以及肆无忌惮地排放废气、废水、废渣等，给城市带来了严重的大气污染、垃圾污染等环境污染以及温室效应、臭氧层破坏等多种环境灾害，使人类遭受危害的机率大大增加、造成的损失越来越严重。这种情况在发展中国家的城市中尤其突出。

社区灾害除了危害人类生命健康，破坏房屋、道路等工程设施，造成严重的直接经济损失外，还极大地破坏了人类赖以生存的资源与环境。资源的再生能力和环境的自净能力是有限的，一旦遭到破坏，往往需要几十年甚至几百年才能恢复，有的则永远无法修复。资源环境的恶化不但直接危害当代人的生存与发展，还波及子孙后代，恶化了他们的生存发展条件，给人类带来的影响是极其深远的。

5. 在遭遇灾害后疏散困难，灾害谣言传播快

城市人口密集，社区活动空间较为狭窄，特别是在紧急情况下，一旦道路遭到破坏，难以快速、安全地疏散居民。灾难发生时，如果相关信息不能及时传达，在无法及时了解灾害真实情况的条件下，出于自我

保护心理，人们不免要对已经发生的灾害或灾害可能造成的影响进行各种推测和假设，并对可能给自己带来的影响做出评估和应对。这就为谣言的产生和传播提供了可能。公众可能借助微信、微博等现代通信渠道和平台，迅速传播灾害谣言，其舆论影响范围广泛，对防灾减灾工作造成不利影响。

二、社区防灾减灾的内容

社区防灾减灾包括应急管理的各个阶段。一是应急预防与准备阶段，内容具体包括社区的应急管理机制建设、风险源和风险点位排查、社区各项应急预案编制和演练、社区防灾减灾队伍建设、资金和物资保障、居民的宣传教育、动员各种社会力量做好应急准备等。二是监测与预警阶段，内容具体包括确保应急信息即到即报、保证信息报送渠道畅通、对辖区风险点和风险源的直接观测与研判、向辖区居民发布预警信息等。三是处置与救援阶段，内容具体包括基层社区一级的指挥平台建设、及时组织居民避险自救互救、配合其他应急力量参与应急处置和救援等。四是恢复与重建阶段，内容具体包括社区应急预案的修订完善、风险点和风险源的梳理完善、配合其他力量完成恢复重建、对社区防灾减灾机制制度进行完善等。

政府对社区防灾减灾的内容有相关的政策规定。2007年国务院出台的《关于加强基层应急管理工作的意见》（以下简称《意见》），对我国基层应急管理工作做了规范，是一份具有很强操作性的指导性文件。《意见》要求，基层组织要做好隐患排查整改、信息报告和预警，加强先期处置和协助处置，协助做好恢复重建，并提出要健全组织体系、完善应急预案体系、加强应急队伍建设等推动基层应急管理能力提高的措施。2014年，成都市出台《成都市基层社区应急能力建设实施方案》，明确了2015—2017年基层社区应急能力建设的目标和建设标准。该方案明确了应急能力建设的工作重点，即社区隐患排查评估、预案编制、避难场所建设、装备物资准备、队伍建设、监测预警和信息报告、应急知识普及和能力培训等。

三、社区防灾减灾的特点

可以看出，社区是各类灾害事件发生的最前沿和最直接的受体，社区防灾减灾是应急管理工作中最基层的实践工作，具有邻里就近实施自救互救的社会优势和先决条件。但同时，社区本身的综合力量较为薄弱，因此在社区应急管理工作中最为关键的阶段是应急预防与准备。各级政府是防灾减灾的主要责任主体，社区是我国组织中最基层单元，社区的防灾减灾由政府主导，"社会协同、公众参与"。这样的共同治理局面能够更好地弥补社区力量的不足。因此，社区防灾减灾的参与主体不仅有政府，还应有辖区内的社会组织、社区居民、企业等其他主体。

第二节　社区防灾减灾自组织能力建设的内容

要分析社区防灾减灾自组织能力建设的具体内容，就必须对社区防灾减灾能力结构进行分解，剖析社区防灾减灾能力由哪几个部分组成，每个部分有哪些特点和要求，这些能力在社区防灾减灾中起到什么样的作用，在建设这些能力过程中会受到哪些因素影响，为后续研究社区防灾减灾自组织能力建设打下基础。

一、社区防灾减灾能力结构分解[①]

社区是由各种要素组成的一个系统，其内外部环境影响着社区防灾减灾工作能力建设。社区防灾减灾能力从结构上又分为基础能力、核心能力和其他相关能力三个方面。这三种能力是整体与局部的关系，三者之间相互依存、相互补充。首先要具备的是基础能力，而核心能力又是影响基础能力的一种关键力量，对防灾减灾工作的成败起着决定性的作用。从影响受灾主体的因素来看，基础能力和其他相关能力可以看成一种外部能力，而核心能力则是社区及居民在灾害环境中所具备的内部能力。在灾害风险面前，核心能力对于居民的生命财产安全起到决定性作用。

1. 基础能力

基础能力包含了一个社区可以动员的一切资源形成的公共力。社区防灾减灾的重要工作是培育基础能力，主要包含领导指挥、组织宣传、协调整合几个方面：第一是领导指挥能力。领导指挥能力主要包括领导决策能力、信息传递能力和控制指挥能力。社区防灾减灾工作要加强组织领导，形成以街道防灾减灾小组为主体，社区相关人员、物管人员为辅的工作机制；要完善灾害信息上报系统，提升信息管理能力，对即时出现的灾情险情信息进行准确汇总、民主商榷、正确决策；处理突发灾害风险时要沉着稳健、调度有方、指挥得当。第二是组织宣传能力。组织宣传能力主要包括宣传动员能力、预案编制能力、应急演练能力、技能培训能力。社区防灾减灾工作是整个社区共同体的义务和责任。要提

---

① 汪万福，齐芳.社区防灾减灾能力培育 [J].中国减灾，2011（15）：36-37.

高社区居民的防灾意识和减灾技能，街道、社区可以借助志愿者的力量做出有成效的宣传教育工作，主动培养居民防灾减灾技能，根据本社区风险隐患排查情况及应急处置能力编制应急预案，加强模拟演练以增强居民的防灾减灾应对能力。第三是协调整合能力。协调整合能力主要包含关系协调能力、资源筹集能力和资源整合能力。与社区发生关系的单位和部门很多，如政府、社区企事业单位、临近社区、媒体和其他流动组织群体等。社区要与这些单位和部门联系，建立防灾减灾合作机制，协调横向和纵向关系，整合各种资源，提高社区应对灾害的能力。

2. 核心能力

核心能力主要是指社区防灾救灾主体自身应具备的知识和技能。它是社区居民、抢险救灾队伍、应急救援志愿者和物业管理人员独有的个性特征与应变能力。第一，应急抢险能力。应急抢险能力是社区处理自然灾害或突发社会事件的直接能力，主要由监测预警能力、应急准备能力、先期处置和协助救援能力三部分组成。把应急抢险能力放在核心能力部分是为了更加强调其在抢险救灾工作中的中坚作用。第二，恢复重建能力。恢复重建能力是灾后恢复社区群众正常的生活、生产、学习、工作条件，促进社区经济社会的恢复和发展能力，可分为灾后恢复能力和重建再造能力两个方面，应当坚持以人为本、科学规划、自力更生、国家支持、社会帮扶的方针。第三，自救互救能力。自救互救能力是社区居民在防灾避险中自我救护和相互帮助的能力体现，主要是指在灾害现场由伤员自己或同伴用制式器材或其他简便材料进行紧急处理的能力，主要包括防灾避险意识、自我救护能力和共助互救能力。在灾害事件中能否减少伤亡、增加生存机会主要是靠居民个人的临场应变和处理问题能力，可以通过外在的学习、日常的训练和共助理念的培养来提并延伸发展这种能力。

3. 其他相关能力

其他相关能力是指社区内可挖掘的潜在能力和由社区外不可预料情况形成的能力，如创新能力、政策建议或改进能力等。这种能力具有潜伏性、高难度性和不可预料性。虽然它不是社区防灾减灾工作能力的主要方面，但是它有可能起到辅助作用。

二、社区防灾减灾自组织能力结构分解[①]

从社区防灾减灾自组织能力结构来看，社区自组织能力是社区共同体具有的一种客观的能力，是一个由复杂的众多维度构成的有机整体。

----

① 杨贵华. 城市社区自组织能力及其指标体系［J］. 社会主义研究，2009（1）：72-77.

从社区防灾减灾自组织能力不同维度进行分析，可以将其分为 6 个方面。

1. 社区共同体的资源整合利用能力

社区资源包括物质资源、经济资源、人力资源、组织资源、文化信息资源等。丰裕的社区资源是社区自组织的基础，但如果资源未得到开发利用，就只是社区的一种潜在的禀赋，还不是直接衡量社区自组织能力高低的指标。在既定资源条件下，社区对资源能否进行有效整合、能否有效利用，又在多大程度上有效整合利用了这些资源，才是社区共同体的资源整合利用能力的表征。这包括社区内企事业单位与各类社区组织合作开展社区共建的情况，社区减灾文化信息资源的共享程度，社区社会资本的开发利用程度，等等，这些都是社区资源整合利用能力的具体体现。

2. 社区自组织网络的结构和发育程度

社区自组织网络既有日常交往和互动中自发形成与发挥作用的非正式网络，也有社区成员基于一定目标自觉自愿组建的正式组织网络。其结构和发育程度包括社区共同体中邻里网络的自组织状况以及社区共同体中"草根性"社群网络的发育程度。社区共同体中正式组织网络在我国主要有社区居民自治组织、业主组织、正式成立的各类社区民间协会、备案的社区志愿者组织等多种社区组织网络。这些组织网络通过协商沟通又会形成更高层级的自组织网络，它们与物业服务机构、社区单位、专业社会服务机构等也会结成合作网络，由此形成一个多层级的自组织网络系统。各类社区组织之间以及社区组织与物业公司、社区单位等之间协商合作的状况，体现了社区正式组织网络的结构和发育程度。

3. 社区居民参与社区公共事务和社区活动的状况

居民的社区参与存在着有序和无序、主动和被动的区分。社区居民自主有序参与社区公共事务和活动的质与量是评价社区自组织能力的重要指标。尽管在实际的居民社区参与中，自组织参与和他组织参与都不是以纯粹的形式存在的，但就发展趋势而言，社区参与由他组织为主导向自组织为基础整体转换却是肯定的。居民自组织参与社区公共事务和社区活动的状况主要包括：居民参与社区公共事务和社区活动的意愿；居民参与社区公共事务和社区活动的方式，即是主动参与还是被动参与；自主参与社区公共事务和社区活动的居民的比例及其代表性；居民自主参与社区公共事务的范围，即所参与的社区公共事务的公共性范围；居民自主参与的深度。

4. 社区共同体的自我管理能力

政府的行政管理与社区共同体的自我管理对现阶段我国社区治理来

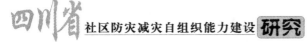

说都是不可缺少的，但它们之间要有明确的划分，自我管理更符合社区生活共同体的本性。自我管理能力既体现在社区居民、社区自治组织对社区公共事务的管理上，也体现在社区自我管理相对于政府的独立性上。衡量社区自我管理能力的具体指标主要有：居民代表会议行使权力的情况，社区居委会作为群众自治组织地位的落实情况，业主代表大会和业主委员会反映与表达业主利益、维护业主权益、选聘物业公司、实现业主自律的情况。

5. 社区共同体的自我服务能力

社区服务本质上是一种以社区为单位的自我服务，其目的在于提高社区各阶层特别是弱势群体的生活水平和生活质量。在社区服务中，居民既是服务的对象，又是服务的参与者。因此，社区服务强调挖掘、整合、利用社区自身资源开展自我服务。自我服务能力是社区自组织能力的一项重要指标。衡量社区自我服务能力的具体指标主要有：居民自治组织和社区民间组织提供服务的能力；社区内社会服务机构提供非营利服务的能力；志愿者队伍的志愿服务水平。需要指出的是，在政府委托社区实施的福利服务（如最低生活保障服务、优抚服务、社会救济、特困救济等方面的服务），政府是资金的提供者和策划组织者，因而这一服务不是社区共同体的自我服务。但它又要面向社区弱势群体，并且将它委托给社区实施更为有效。因而，它也是社区福利服务的一个重要方面。

6. 社区共同体的自我教育、自我约束、自我化解纠纷的能力

社区自组织能力还体现在社区具有自我教育、自我约束、自我化解纠纷的能力上。其具体衡量指标有：社区自我教育实施的情况及其效果（包括对偏差行为的社区矫治）；社区正式规范如自治章程、居民公约等的影响力；社区非正式规范如社区舆论、习俗等的约束力；社区调解的开展情况及其成功率。

三、社区防灾减灾自组织能力建设实践

社区防灾减灾自组织能力建设有多种途径，不同的社区在建设过程中根据社区特点采取了不同途径。以下介绍成都市武侯区玉林街道黉门街社区的做法。该社区通过充分发挥基层党组织的作用，提高了社区防灾减灾自组织能力建设。

成都市武侯区玉林街道黉门街社区位于成都市武侯区，面积 0.7 平方千米，居民院落 45 个；辖区内科研院所、学校、企事业单位云集，有华西附一院、华西附四院等三甲医院 4 所，是成都市重要的绿色救护通道。近年来，该社区在防灾减灾上秉承"人本、创新、服务、和谐"

的工作理念，把基层防灾减灾与网格化管理相结合，着力推进三个结合、建好三支队伍、做好三项准备、完善三个体系，实行"二网合一"的应急运作模式，防灾减灾理念深入人心，防灾减灾知识家喻户晓。中欧防灾减灾合作组织专家代表团到该社区参观考察时，对该社区防灾减灾模式给予了高度评价。其具体做法如下：

1. 推进三个结合，创新基层防灾减灾新模式①

簧门街社区在创新基层社区防灾减灾新模式中，主要通过推进防灾减灾工作与党建工作相结合、防灾减灾工作与社区工作相结合、防灾减灾工作与平安创建相结合，来不断提升社区的防灾减灾自组织能力。

（1）推进防灾减灾工作与党建工作相结合

在防灾减灾工作中，簧门街社区充分发挥政治优势和组织优势，整合社区防灾减灾资源，深化社区防灾减灾运行和动员机制。一是成立"区域党委"，实行"双党委"同步运行。簧门街社区打破党组织关系所在地的限制，将辖区内的企事业单位党组织纳入社区"区域党委"统一管理，建立了社区党组织与驻区单位党组织"双向服务"，实现了区域化党建互帮、相融互动，使社区防灾减灾工作向纵深推进，渗透到社会的各个层面，构建全体参与防灾减灾的良好格局。二是组建"两新"组织联席会。通过在"两新"组织中成立党支部，把游离于社区服务管理之外的新社会组织和新经济组织以"组织固化"的形式整合在一起，实行"双向互动"，使社区防灾减灾工作无盲区，实现了全覆盖。

（2）推进防灾减灾工作与社区工作相结合

一是防灾减灾工作与社区日常管理相结合。簧门街社区注重把应急工作全面融入社区日常管理工作，使应急工作与社区日常工作做到"四个统一"，即统一开会布置、统一制订应急培训计划、统一制订应急工作预案、统一纳入日常手册登记表进行登记，实现应急工作与社区工作同计划、同布置、同实施、同检查、同考核的"五同"工作模式，做到了应急之策有人谋、应急之事有人干。二是防灾减灾工作与社区活动相结合。在开展群体性文化活动时，注重将防灾减灾教育、应急处置常识贯穿于社区的日常活动，使防灾减灾工作与社区工作有机融合，不断强化群众的安全防范意识，提高其自救互救能力，营造和谐稳定的社区人文氛围。近年来，该社区组建了"骑游队""太极队""舞蹈队"等活动小组，组织了"社区音乐会""社区庙会""小K来了"等文体节目，开展了评选"和谐家庭""孝老爱心家庭""成都好人"等活动，

---

① 陈旭. 四川城市社区安全风险评估与管理［M］. 成都：四川大学出版社，2018.

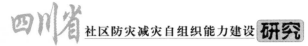
以各类社区活动为载体，将防灾减灾的理念融于活动之中，强化社区居民的应急处置能力，增强公众的安全防范意识。三是防灾减灾工作与社区服务相结合。对社区空巢老人、孤寡老人、残疾人等弱势群体建立"一帮一"的帮扶关爱机制，定期上门对其开展紧急避险、火灾逃生等安全防范知识的宣讲，并定期上门进行水、电、气的安全检查，同时为生活不能自理的孤寡老人装设"一键通"呼叫救助电话，做到"一呼即应"，及时解决老人日常生活中遇到的各种突发问题。

（3）推进防灾减灾工作与平安创建相结合

黌门街社区坚持"以人为本"，将"了解危险、远离危险、防范危险，化解危险"作为社区防灾减灾的重点内容。一是抓风险评估管理。对辖区内容易引发突发公共事件的危险源、危险区域进行调查登记和风险评估，加强检查监督，坚持早发现、早控制、早处置，促进防灾减灾变"被动应对"为"源头管理"。二是抓矛盾纠纷化解。利用"民情气象站"，定期召开民情分析会，对收集的民情民意、矛盾纠纷、隐患漏洞进行分析整理，及时处理居民群众最关心的热点、难点问题，将各种矛盾纠纷及时化解在院落，变"被动维护稳定"为"主动创造稳定"。三是抓重点部位防控。针对辖区医院周边"医托"、流浪乞讨以及小旅馆易引发安全问题的情况，积极配合医院、公安、城管加大对医院周边的整治，变被动式防控为主动参与防控。黌门街社区连续5年来无一例群体性上访、无重大刑事案件、无重大安全事故发生。

2. 建好三支队伍，增添基层防灾减灾新力量

在网格化管理的基础上，黌门街社区对综合服务协管员、民情监督员、应急服务队员进行整合，实现"一网三员"，重点建好三支应急队伍。

（1）建好应急志愿者队伍

一是利用辖区及周边高校较多的特点，深入校园公开招募志愿者。在四川大学、西南民族大学、成都体育学院等高校公开招募大批的大学生充实应急志愿者队伍，并与辖区高校共同制定《应急志愿服务学生管理办法》，将学生的应急志愿服务与学业学分挂钩。二是借助社区志愿者"时间储蓄银行"，实行应急志愿服务时间储蓄制度。把应急志愿者的志愿服务时间通过"服务时间储蓄卡"储蓄起来；在他们自身遇到困难需要帮助时，让他们享受同等时间的免费服务。这大大激励了应急志愿者的主动参与性和服务积极性。三是充分动员各种社会力量加入应急志愿者队伍，增强志愿者队伍的专业性。广泛招募医生、心理咨询师、电脑爱好者等具有专业知识的热心公益事业的人士组建应急志愿者队伍，先后组建"黌门街社区杏林风医疗救护应急志愿服务队""疾病

预防控制应急志愿服务队""成都艾普网络应急志愿服务队""华西名老专家志愿服务队"等6支应急志愿者专业队伍，充分发挥志愿者的专业优势，使其深入社区居民。2016年开展应急志愿活动27次，受益群众达1 000余人次。

（2）建好隐患排查队伍

一是建立群众信息员队伍。为及时、准确掌握情况，簧门街社区以网格为依托，将网格内的离退休干部、热心群众、楼栋长、治安积极分子组建成隐患排查队伍；在学校、医院、公交、地铁、商场、酒店、液化气存放点等重点环节设置安全员，通过集中培训，使其明确信息报告流程、岗位责任、突发应对程序等，全面掌握辖区动态。通过"民情热线""一键通"等服务平台，倾听民声。社区居民发现安全隐患皆可通过拨打"民情热线"和"一键通"，及时向社区反映。二是建立党员信息员队伍。依托"民情专递"服务平台，推行"党员建议案"制度，发动党员收集群众意见和辖区隐患，形成"建议案"提交到社区党组织进行交办、督办，将重大事项记录在案，形成社区"民生档案"，供党员代表监督。通过与各驻社区单位、各门店业主召开座谈会、通报会和碰头会，相互交流信息、通报情况，建立"定期排查""定期例会""定期通报""定期处置"的工作机制。

（3）建好小区综合应急队伍

一是成立院落自治管理小组。从院落代表中民主推选组成院落自治管理小组，负责院落防灾减灾等事务的协调处置工作，组织居民开展互助服务，引导居民生活上相互扶持、情感上相互依靠、安全上相互关照，初步实现基层应急工作"组织细胞化、管理规范化、服务基层化"。二是组建小区综合应急队伍。将"第一响应"作为基层应急队伍建设的着眼点，按照就近协作的原则，以社区网格化为依托，整合相邻或相近的小区、企事业单位的社会护卫力量，通过"商户联勤""商住联勤""户户联勤"等模式组建了8支小区综合应急队伍，通过电台、微信、报警铃等方式建立起应急信息互通共享通道，构建了"信息灵敏、反应迅速、处置快捷"的基层防灾减灾机制。

3. 做好三项准备，深挖基层防灾减灾新源泉

簧门街社区通过做好应急预案准备、应急物资准备和应急信息共享准备这三项准备，防患于未然，提高了社区的防灾减灾自组织能力。

（1）做好应急预案准备

社区根据过去发生的事故灾难、公共卫生事故、社会公共设施安全事故等，全面分析社区的自然情况和社会情况，针对可能引起突发事件的因素，按照"简明、实用、操作性强"的原则，先后制定完善《突

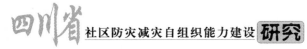

发公共事件应急预案》《突发公共卫生事件应急预案》《地震应急预案》《消防应急预案》《防汛应急预案》5个专项应急预案。

（2）做好应急物资准备

簧门街社区借助社区"爱心超市"，建立社区物资储备库；引入"泓福泰"等社会组织，做好婴幼儿用品应急储备；与双流区永安镇三新村签订"菜宅送"蔬菜供应协议，与辖区内的红旗、舞东风等超市签订物资供应协议，保证紧急情况下的物资供应。

（3）做好应急信息共享准备

簧门街社区建立24小时值班制度，为社区工作人员配备了智能手机，在每一个院落安装扩音器，建立社区微信平台，开通了社区门户网站、社区微博。借助这些信息平台，实现在第一时间向社区全范围共享灾害预警信息的快速反应机制。

4. 完善三个体系，提升基层防灾减灾新水平

簧门街社区通过完善应急防控体系建设、应急救护体系建设、应急宣教体系建设这三个体系，不断提升基层社区防灾救灾水平。

（1）完善应急防控体系建设

针对辖区部门老旧院落"三不管"的情况，簧门街社区将物管引入老旧院落，实行社区大物管，并先后投资20余万元对老旧院落进行围墙补修和楼道清理，规范了应急出口，增置了消防设备，配备了保安门卫；同时在社区设置了47个"天网"点位，升级了13个高清点位，对社区的所有小区院落安装了防控设施，在有条件的楼栋设置防盗门、楼宇对讲系统，初步实现了"人防、物防、技防"三落实，有效提升了社区的应急防控能力。

（2）完善应急救护体系建设

为保障应急救护通道的"快捷、畅通、高效"，簧门街社区成立了应急救护联络办公室。办公室下设道路安全宣传、交通设施保障、交通疏导、聚集人群引导、医院对接等工作小组，各小组由相关部门或专业机构牵头，小组成员由社区专职工作者、企事业单位人员、专业技术人员、社区志愿者与居民代表组成。各救护小组在"5·12"汶川大地震与"4·20"芦山地震救援中都发挥了重要作用。

（3）完善应急宣教体系建设

簧门街社区本着"弱办公、强服务"的理念，将400平方米的办公用房全部整合、优化，开办了"社会组织居民服务中心""志愿者服务培训站""心理辅导室""法律服务援助站"等集阅览室、电教室、市民学校于一体的综合会所，定期组织社区居民开展安全教育培训。利用辖区内的主要交通路口、小区出入口设置大型户外宣传广告牌、显示屏、

报刊栏等载体进行消防、安全知识宣传。利用"坝坝会""露天电影院""安全生产月""幸福瞬间摄影展""社区 4 点半学校"等防灾减灾主体活动平台宣传应急逃生、紧急避险、交通法规、安全用电、煤气安全、家庭防盗、居家常见伤害预防等知识。2018 年以来，黉门街社区每年举办各类安全知识宣传活动 20 余场次，发放各种安全知识宣传册（页）、宣传知识手册 14 000 余份，群众自救互救与防灾避险的能力得到显著提高。

四、社区防灾减灾自组织能力建设途径

以下结合成都市的一些做法，归纳社区防灾减灾自组织能力建设的途径：

1. 开展基层社区防灾减灾应急管理科学化、标准化、规范化建设

成都市为了加快推进全市基层社区应急管理科学化、标准化、规范化建设，提高综合应急减灾能力，依托中欧应急管理国际合作项目，借鉴欧盟社区应急能力建设的先进理念，结合成都市应急管理工作实践，以基层社区应急能力示范建设和构建基层社区应急能力建设标准为着力点，在 2014 年、2015 年分两批试点开展了社区应急能力示范建设工作，在 2016 年整体推进。通过 3 年努力，在 2017 年年底，各区（县）30%以上的社区达到了基层社区应急能力建设评价的标准。首批试点时，成都市政府选择了水井坊等 10 个基层社区，在资源整合、机制建设、能力提升方面重点打造，在 2014 年年底总结形成了《成都市基层社区应急能力建设评价标准》，制定和颁布了《成都市基层社区应急能力建设实施方案》（成办函〔2014〕195 号）。按照该方案的安排部署，2014 年 12 月底成都市启动了第二批试点社区应急能力示范建设工作，各区（县）再选择 1 个社区实施应急能力示范建设。2015 年 6 月，达标完成建设任务。

近年来，成都市在创建中突出标准化建设，强调全过程管理，即规范灾前、灾中、灾后的救灾工作标准化。成都市按照现代管理思维，秉承"治灾于未灾是自然灾害管理的最高境界"和"社区是城市的细胞，社区安全则城市安全"的理念，研制出台了社区综合减灾公共信息标识建设规范地方标准，实现了人民群众出家门、出楼栋，就能沿着标准化的避灾标识系统，自发、有序、安全、就近转移到安全避难场所。综合减灾公共信息标识标准化建设在公共安全、公共管理方面起到了重要作用，提升了减灾救灾和基层服务能力。第一，在公共安全方面，统一社区综合减灾公共信息标识系统的设计、制作和设置，完善综合减灾基础设施建设，推进城市公共安全体系建设的完善和升级；第二，在公共管

理方面，以标识为指引，实现社区公共管理服务工作横向到边、纵向到底的全覆盖；第三，在减灾能力方面，提高民众的防灾避灾意识，为社区居民选择安全逃生路线并有序撤离提供明确指引，提升救灾工作效率；第四，在基层服务方面，降低相应的服务管理成本，优化基层减灾救灾资源配置，全面提升基础减灾救灾服务能力。成都市 223 个社区按标准要求已完成综合减灾公共信息标识标准化建设，覆盖面积达 900 余平方千米，惠及 170 万人。同时，社区综合减灾公共信息标识标准化建设得到了群众的广泛称赞、媒体的密切关注、专家的高度认可。

2. 采用社区网格化的治理体系，完善社区的基础设施各类管理

成都市采用社区网格化的治理体系，完善社区的各类基础设施管理（包含社区组织队伍管理、实有人口管理、特殊人群管理、房屋楼宇管理、联动常态管理、应急管理），将其作为社区风险治理的突破口和重点工作内容。通过记录社区内部各类数据信息，建立信息化的管理机制、"一站式"的社区服务站，并通过网格化的联动机制，将社区风险治理信息化、网络化。从"社区信息化管理""社区风险治理""社区应急管理"三个方面建立社区风险治理的体系。社区信息化管理是通过日积月累的数据信息，掌握社区相关的人员、物资、设施、队伍组织等基础信息；社区风险治理则是通过采取相应的服务措施、建立相应的管理机制、使用科学的实施办法共同治理社会风险；社区应急管理则是在日常生活中防范安全事件的产生，建立遇到突发事件时的减灾、防灾、善后恢复的管理机制。通过这三个方面建立的社区风险治理体系，有效规避社区遇到的各类安全风险事件，共同打造安全和谐社区。

3. 开展社区应急响应队伍示范培训

成都市在全域创新开展社区应急响应队伍示范培训。近年来，成都市高度重视基层社区应急能力建设，通过中欧、中美等国际项目合作不断提升基层应对突发事件的综合能力。为进一步推进社区应急能力建设，成都市政府应急办结合本地实际，灵活运用国际项目合作成果，于2017 年 2 月 13 日起在全国范围内率先创新开展社区应急响应队伍示范培训，培训主要面向已建成的综合应急示范社区和达标社区，并安排每年在每个区（市）县开展 2 场，培训 200 余人。自培训启动以来，成都市先后在各市辖区（市）县共开展 44 场培训，培训人员已达 4 000 余人。学员经过课程培训和现场综合演练掌握了应急响应队伍团队组建方法、备灾基本常识、风险评估和隐患排查基本方法、检伤分类标准及具体方法、简单搜索与营救技能。成都市应急管理学会为考核合格的学员颁发了证书。

4. 整体提升社区防灾减灾应急管理能力

（1）多种形式提升社区风险应对能力

一是不断深入防灾减灾宣传教育，不断提高公众防灾减灾意识。各地各部门以"防灾减灾日"和"国际减灾日"为平台，深入扎实地开展形式多样、丰富多彩的宣传活动和防灾减灾应急演练活动。通过宣传教育和演练，进一步增强公众防灾减灾意识、临灾避险和自救互救等能力，大幅提升重特大自然灾害应对能力。大力推进综合减灾示范社区、防灾减灾科普示范学校等创建活动，夯实防灾减灾救灾工作基础。

二是在社区宣传栏张贴常见风险的宣传画，用老幼皆宜、活泼生动的典型案例，向社区群众介绍风险的起因、应对方法；组织开展相关培训，针对社区发生概率较高的风险事故，进行日常专项培训。例如对在高层住宅发生概率较高的电梯故障停运困人问题的应对方法进行培训，讲明正确处理方法，杜绝类似强行扒门的错误处置方式。

三是开展模拟演练。情景模拟演练可以提升辖区群众的风险处置能力，提高自我救护能力。例如针对社区发生概率较高的火灾，通过模拟演练，引导社区群众及时清理棉絮、纸箱、木材、塑料、油料等易燃有毒物品，减少火灾发生条件。帮助观摩群众理解火灾产生的浓烟、有害气体等次生危害发生时的逃生常识。培训正确使用天然气、打火机，同时利用现场演示让观摩群众掌握灭火器材和消防设施的正确使用方法等。

（2）吸纳整合社区精英参与社区自组织能力建设

一是有利于解决社区自组织的人才问题。从组织学角度思考，社区中必然存在各类非正式组织，这些非正式组织中会形成大家公认的"领袖"，这些"领袖"可以视为社区精英。吸纳社区精英参与社区自组织能力建设，能够调动精英的积极性，引导其充分发挥自身对非正式组织的动员能力，有利于高效低成本开展社区风险治理工作。

二是有利于及时发现风险源。社区精英本身就是业主，长期居住在社区，对社区熟悉程度高，加之有责任心，易于发现空间区域的风险源，乐于研究时间区域上社区风险的发生规律。

三是有利于解决社区风险治理人才的可持续性问题。社区精英易于在社区内挖掘和培养新的精英，从而解决人才的可持续性问题。

（3）开展社区联谊活动

由于现代社区居民自我保护意识较强，非熟识居民之间的人情较为淡漠，这对于达成社区风险治理共识以及提高社区互救能力是不利的。因此，社区联谊活动就显得尤为重要。第一，能够凝聚邻里之间的人心，通过邻里的相互影响整合形成社区风险防治力量，如社区有组织的

"老年红袖章"巡逻队对于社区盗抢事件的发生具有明显的防治和威慑作用。第二，为社区风险治理集思广益奠定了基础。联谊活动可以促进有共同兴趣的人群从浅层了解到深层熟络，容易建立良好的沟通机制，对社区风险治理进行实质性交流并达成共识。第三，为筹集社区风险治理资金搭建平台。依靠正式渠道获取的资金在社区风险治理中往往显得不足，社区风险治理工作又不能掉以轻心，通过社区联谊活动向社区群众筹集资金是解决问题的可行方式。因为社区是业主的社区，业主对其生活的社区天然地具有爱护的责任和义务。

第三节 社区防灾减灾自组织能力建设的方法

一、充分发挥体制内组织在社区防灾减灾中的作用

坚持中国共产党的领导是我国社区建设的政治特色，也是社区资源整合的组织优势之一。我国社区党组织主要为街道、居委会各级党组织。要充分发挥社区党组织、居民委员会为主体的居民自治组织、社区群团组织等体制内组织在社区防灾减灾中的作用。要进一步探索社区坚持党组织领导作用的实现机制，尤其要发挥街道党工委在社区防灾减灾中的作用，对政府职能部门的下派机构实施双重领导，通过街道党建联席会议的形式加强对属地内各单位党组织的综合协调能力。社区党组织既要把握政治方向，又要教育群众、动员群众开展社区建设，还要发挥在社区防灾减灾中的政治核心作用。居民自治组织是社区居民开展自我管理、自我教育、自我服务、自我监督的法定组织。目前，四川的社区自治组织普遍设置一个会议——社区成员（代表）会议、两个机构——社区居民委员会和社区议事监督委员会，它们在开展居民自治、整合社区防灾减灾资源方面发挥了十分重要的作用。但其居民自治组织的地位仍需进一步落实，居民自治组织的功能仍需大力提升。社区群团组织包括社区共青团、妇联、社区工会、计划生育协会、关心下一代工作委员会等，是在社区设立的具有特定功能的群众性组织，它们在社区中也发挥着不可替代的作用。要适应社会发展需要，拓展它们的社会功能，使它们在社区建设和社区防灾减灾中发挥更大、更积极的作用。

二、培育和组建社区防灾减灾新载体

提升社区共同体的防灾减灾能力，还需要培育和组建社区防灾减灾的新载体。如培育各类正式或非正式的社区民间组织（或团队），组建

业主组织，成立营利和非营利性社区专业服务机构，建立社区志愿者队伍、社区公共服务协会，发挥它们各自的防灾减灾资源整合优势，满足社区防灾减灾多方面、多层次的需要。正式或非正式的社区民间组织（或团队）以利益或兴趣为纽带，扎根于居民群众，活动在社区，具有广泛的群众基础和影响力，在社区防灾减灾中也扮演着日益重要的角色。要进一步加大对社区民间组织培育的力度，使其在社区防灾减灾中发挥更大的作用。要加强对社区民间组织的扶持，做好指导和监管，为社区民间组织的发展开辟政策法律空间。与社团、基金会、民办非企业单位等正式民间组织不同，社区民间组织不仅具有非正式性，其成员也主要是本社区居民，并且基本上在社区范围内开展活动。因此，对于社区民间组织可采取更为灵活的准入政策，在社区居委会备案即可，并将其作为社区内部的组织由社区居委会负责其日常管理和指导工作。业主委员会和物业公司是伴随着房屋产权的私有化而产生与发展起来的新兴社区组织形态。业主委员会是商品房住宅小区业主的自治组织，物业公司则是受聘从事服务与管理的营利性企业。随着生活质量的提高，居民对小区的环境安全等也给予更多的关注。在这种情况下，业主委员会和物业公司便拥有了较多的资源，逐渐成为业主进行自我管理、自我服务的有效载体。毋庸讳言，小区物业纠纷还时有发生，甚至屡见报端。但不容置疑的是，业主委员会和物业公司开启了城市商品房小区物业管理和服务的新篇章。要在完善政策、健全法律制度的基础上，加强业主之间以及业主委员会与物业公司、房屋管理部门、社区居委会之间的合作，理顺彼此之间的关系，形成物业服务管理多元主体合作治理的新机制。社区志愿者不计报酬地服务于社区中需要帮助的人，或者投身于社区公益事业，是社区建设中宝贵的人力资源。同时，社区志愿者又需要组织起来。这样既可以更好地整合志愿者资源，又可以有效地开展防灾减灾服务。作为社区建设的"志愿军"，社区志愿者队伍（协会）无疑需要政府和社区居委会的培育与支持，但是，社区志愿者队伍（协会）的发展不能行政化。从招募和开发人才，到志愿者队伍的管理，以及组织开展服务活动，都要立足志愿者队伍的实际，从满足社区居民特别是弱势群体的安全需要出发。政府的政策和财政支持是必要的，但对社区志愿者队伍（协会）自身来说，更要注重能力建设，提高自身的防灾减灾能力，提高安全服务水平和质量。

社区公共服务协会作为民政部门登记的社团法人，具备法人资格，建有独立的银行账户，方便居委会接受捐赠和开展社区服务。协会的启动资金来源于社区单位的赞助、团体会员和个人会员缴纳的会费。社区单位可以以多种形式参与公共服务协会。协会吸收低保人员和下岗失业人员为个人会员，最终的目的也是为他们服务。社区公共服务协会在帮居民解难、安排下岗人员就业和自身造血方面实现了多赢。

三、形成普遍信任、互惠合作的人际关系及其支持网络

远亲不如近邻，邻里关系是传统社区中的重要关系，也是一种最便捷、可靠的社区资源。随着工业化和城市化的推进，特别是工作方式、居住格局的变化，城市社区的邻里关系淡化了，完全恢复往昔那种休戚与共但缺少私密空间的邻里关系已不再可能。但建立新型睦邻关系，发挥楼栋单元、院落等邻里网络的社会支持功能，对于今天的社区防灾减灾来说，仍然是十分必要的。更为重要的是，要适应现代都市社区生活的新要求，积极培育社区社会资本，建设普遍信任、互惠合作的社区人际关系及其社区社会支持网络。当今我国的城市社区是由熟人、半熟人甚至相当部分陌生居民组成的生活共同体，这里不仅居住着拥有本市户口的居民，还有相当数量的非本市户口的居民甚至流动人口。社区人口的异质性明显突出，生活方式、价值观念日趋多样化。在这样的社区，居民之间尤其需要开展互动、增进互信。要通过建立正式的社区组织或非正式的社群网络，促进不同阶层、不同群体的社区居民之间的互动、了解和沟通，增进居民之间的相互信任，才能在防灾减灾工作中发挥作用。要以社区成员的共同利益和安全需求为纽带，引导和鼓励居民积极参与社区防灾减灾等公共事务，关心社区安全，行使权利，履行义务，自觉地维护社区公共秩序和公共利益，营造并形成社区安全文化。要在居民之间倡导并开展多种形式、不同层次的宣传教育培训，形成从风险排查到应急响应的互帮互助直至精神层面上相互关心和理解的社区防灾减灾支持网络，使社区范围内社会生活共同体有更多的安全感。

四、建立和完善社区防灾减灾资源共享、成本分摊机制

防灾减灾资源共享、共驻共建是社区建设的一项重要原则。充分调动社区内机关、团体、部队、企事业单位广泛参与社区建设，最大限度地实现社区防灾减灾资源共享，要从以下三个方面着手：第一，培育社区单位参与共同防灾减灾能力建设的自觉性，营造共驻共建社区、共享社区防灾减灾资源和社区建设成果的良好氛围。"社区是我家，建设靠大家，服务你我他。"驻社区的政府机关、企事业单位各有自身的防灾减灾资源优势和人才优势，既是社区防灾减灾能力建设的重要力量，也是社区防灾减灾能力建设的受益者。在社区防灾减灾能力建设的实践中，不仅要培养居民的社区意识，更要培养企事业单位、政府机关等单位的社区意识。政府机关、企事业单位要破除单位体制下的"门户"

心理和计划经济时期的"行政级别"心态，以平等、开放、互惠的姿态参与社区建设，在共建中共享，在共享中共建，并逐渐形成风气。第二，加大协调力度。基层党组织、基层政府、街道办事处、社区居委会要通过社区建设领导小组、社区建设工作委员会、社区党建联席会议、社区协商议事委员会等形式，动员社区单位参与社区共建共享，政府也要积极协调辖区内企事业单位与社区各类社区组织一道形成"合力"，通过多种途径、利用多种手段，最优化地整合、利用现有防灾减灾资源和设施，满足社区居民的安全需求。第三，建立健全社区防灾减灾资源共享、成本分摊的政策法规，形成制度化的机制。政府应考虑制定支持社区防灾减灾资源整合的具体政策法规，明确各类社区组织及其驻区企事业单位的责任与义务，对它们提供防灾减灾资源、分摊成本做出硬性规定，充分调动各单位参与社区防灾减灾能力建设的积极性。此外，还要加大政策和法规调整的力度，形成制度化的激励和约束机制，激励和约束社区单位无偿或低偿开放防灾减灾等设施与资源。

第四章 成都市锦江区社区
防灾减灾自组织能力建设实践

第一节 成都市锦江区社区基本情况
和防灾减灾能力建设的主要做法

2015 年，成都中心城区锦江区应急委员会在充分调研基础上，结合全区各街道应急处置能力现状，将 A 街道作为试点，以信息技术为手段、社会参与为抓手，从进一步完善街道社区防灾减灾应急管理能力入手，着力增强辖区群众应对突发公共事件的意识，提升街道社区应对各项突发公共事件的应急处置能力，增强辖区居民逃生避险意识，帮助辖区居民掌握自救互救的基本方法与技能，建立起一套以信息技术为手段、社会力量共同参与的综合应急管理制度体系。目前，锦江区已建成两个综合防灾减灾示范社区和 20 个达标社区。本章将以该街道为例，就其应急管理工作建设情况进行分析。

一、基本情况

锦江区地处成都市区东南部，呈南北纵向，西北高东南低。全区行政区面积 62.12 平方千米；截至 2017 年年底，户籍人口 56.64 万人，流动人口 39.51 万人，实有人口 96.15 万人，平均每平方千米人口密度 16 159 人。锦江区共设街道 16 个，A 街道地处锦江区中心地段，是锦江区发展状况较为靠前的街道。

1. 社区基本情况

在锦江区 A 街道 1.06 平方千米的土地上，有 13 192 户、40 829 人和 420 家企业，60 岁以上老人占辖区人口的 22%，共有 35 条城市道路（街、巷）。街道原属于居住型社区，随着旧城改造、街道沿线开发建设高端酒店和特色街区相继入驻，辖区人口迅速增加，高层楼宇和居民小区密集，成为典型居住型和商业型混合社区。

A 街道 B 社区面积为 0.30 平方千米，共有 10 个院落，居民户数为

2 502 户，常住人口 2 000 余人。社区设"两委"，即社区党支部委员会和社区居民委员会：一个是党在社区的基层组织，另一个是社区自治组织。党务领导班子设书记 1 名、纪检委员 1 名、党委委员 1 名；居民委员会的选举和罢免依据社区制定的《民主选举制度》执行，居民委员会主任、副主任、委员由居民直接选举产生，每届任期 3 年。

　　B 社区的财务情况。依据 A 街道《关于从严加强社区"三资"管理和规范社区财务审批制度的意见》要求，由社区党委提名，B 社区成立了资产与财务监督、理财管理小组，专项监督社区财务。2015 年，B 社区公共服务和社会管理专项资金共计 17.5 万元，部分资金用于防灾减灾应急设施维护（见表 4.1）。

表 4.1　2015 年 B 社区公共服务和社会管理专项资金的使用范围预算

项目	范围	内　　容	经费预算/元
培育发展社区社会组织	全社区	1. 青龙正街 102 号农耕、环保、雨水节流 3 个小组的备案和运行 2. 水井街 24 号放映队的备案和运行等扶持 3. 为老旧院落提供物业服务	30 000
社区基础设施维护和维修	全社区	1. 社区宣传栏维护 2. 双槐树街 76 号和双槐树街 90 号前后门安装雨棚 3. 各老旧院落的楼道线路及照明的维修 4. 水井街 24 号下水道塌陷修护及下水道疏通 5. 部分老旧院落监控设施的更换和维护	70 000
社区文体公益活动	全社区	1. 社区文化活动室和院落居民之家（开放空间）的日常管理维护 2. 2015 年社区春节、元宵节、妇女节、清明节、劳动节、端午节、植树节、中秋节、重阳节、建党节、建军节、国庆节等，开展文艺及各项体育活动	17 600
社区教育培训	全社区	1. 开展社区教育培训项目的场地、师资、资料开支 2. 根据群众需求新增图书、报刊等资料	12 400
院落环境治理	全社区	1. 垃圾桶、垃圾袋、扫帚、拖把、水桶、清洁剂的购买 2. 对院内垃圾房的维修和维护 3. 居民老旧院落树丫的剔剪 4. 对环境治理优秀的院落适当进行奖励	30 000
审计、考核	社区	1. 公共服务资金使用年度审计 2. 2015 年度居民大会	15 000
合计		175 000	

从表4.1中可以看出，该社区公共服务和社会管理专项资金体量不大，也没有设立专项用于应急管理的资金，用于防灾减灾方面的资金更是难以满足实际需要。随着城市发展的不断加快，A街道原有应急救援队伍和应急救援设备已不能满足其辖区应急救援需求。为适应新的要求，提升辖区综合应急救援能力，街道办事处开展了一系列综合防灾减灾应急救援建设工作，先后被评为"全国安全社区""全国综合减灾示范社区"和"市级综合减灾标准化试点社区"。

2. 风险源和风险点情况

首先，A街道现存部分中小街道的排水设施未进行改造。这些街道的排水系统多为20世纪五六十年代修建的排水系统，雨污混流，排水功能低，易于堵塞，不能达到当前城区发展所要求的防洪排涝标准，存在社区内涝风险。其次，个别低洼居住区未进行拆迁改造。这些低洼居住区人口密集、危房较多，如遇暴雨、地震，极易形成严重的内涝和发生危房垮塌。最后，A街道地处成都市中心，人员密集场所多、人流量大，存在发生踩踏、火灾、疾病传染等风险。因此，该社区存在的主要风险点为老旧院落小区、均隆街等低洼居住区、地铁站出入口和人口密集区域，风险源主要是自然灾害风险源，如地震、暴雨，还有火灾等。

二、A街道社区防灾减灾能力建设的主要做法

A街道在打造锦江区综合减灾示范社区时，创新了做法，提供了很多提升防灾减灾能力的途径和思路。

1. 完善防灾减灾应急管理组织体系

一是成立综合应急救援工作领导小组。成立了以街道党工委书记、办事处主任为组长，街道、社区班子成员及单位负责人、辖区志愿者为成员的综合应急救援工作领导小组。

二是结合辖区实际制定详细的综合应急救援管理机制和工作制度。定期召开应急救援建设工作会议，安排部署辖区应急救援建设工作，明确应急救援建设目标，确保各项应急救援建设工作落到实处，做到早发现、早报告、早处置，以防患于未然。

三是建立社区隐患排查评估机制。定期组织排查区域内自然资源、气象条件、人口构成、市政设施、公共场所、居民住房等方面存在的主要风险隐患；在专业部门的指导下，对社区存在的风险做出科学、系统的评估，编制社区风险隐患分布图，落实相应预防预警和治理措施。建立老年人、妇女儿童、病残人员等脆弱性群体信息统计和帮扶机制，及时发布社区风险隐患排查评估结果，引导社区居民和重点单位提前做好风险应对准备。

四是建立监测预警和信息报告机制。推进社区公共服务全覆盖和城乡综合管理网格化，健全社区应急减灾信息报送制度、突发事件日常监测与预警发布制度。整合"天网"、城市管理专业部门和小区物业管理等的监控信息，建立面向基层社区的综合服务信息系统。加强与灾害预防单位的联系，运用应急广播、手机短信等，及时向社区居民和辖区重要单位发布自然灾害与突发事件预警信息。

2. 开展社区应急管理预案建设

在已有的市区街道三级应急预案体系基础上，结合区情、社情等实际情况，A 街道社区以提高应急预案的科学性、实效性、针对性和可操作性为重点，制定了简单、实用、有效的社区综合性应急预案。综合性预案明确了社区应急管理的基本体系，完善了应急管理处置程序，对社区工作人员责任进行了划分，对应急值守和信息报送做出了明文规定，规范了特别重要突发事件信息报送程序，建立了 10 分钟速报机制，完善了与区级各部门的沟通渠道。同时，还针对主要风险和易发多发突发事件，及时制定完善了大型活动、暴力恐怖事件、城市内涝、地质灾害、危化品爆炸等专门应急预案，充分利用街道在应急处置中的协调联动作用，科学化应对突发事件。

3. 开展防灾减灾应急救援队伍和专业化建设

近年来，成都市高度重视基层社区应急能力建设，通过中欧、中美等国际项目合作不断提升基层应对突发事件的综合能力。成都市政府应急办结合本地实际，灵活运用国际项目合作成果，于 2017 年在全国范围内率先创新开展社区应急响应队示范培训、该次培训主要面向已建成的综合应急示范社区和达标社区，在每个区（市）县开展两场培训，总计培训 4 000 余人。

A 街道防灾减灾应急队伍建设的具体措施有：第一，建立以专业应急救援志愿者和社会组织为骨干的应急救援网络与 60 人的应急救援队、380 人的应急救援志愿者队伍。应急救援队员和志愿者专门负责辖区内的灾情信息排查、汇总、上报和预警工作，同时全力协助街道社区落实灾害应急准备、紧急救援和群众转移等应急救援工作。第二，街道社区结合辖区特点，适时制定应对儿童、老人、病人、残疾人等弱势群体的应急救援方案，并为其提供特殊保护，确保弱势群体能得到及时、高效、安全的救助。

2017 年年初，锦江区邀请国际应急管理学会、成都市应急办的专家，对全区社区应急响应队伍开展示范培训。每场培训为期 3 天，16 名街道办事处分管干部、153 名社区应急响应队队员共计 169 人脱产参加了此次培训。通过理论讲授、互动交流和操作演练培训，全体参训人员初步掌握了应急响应队团队组建方法、备灾基本常识、风险评估和隐患排查基本方法、检伤分类标准及具体方法、简单探索与营救技能等，进一步增强了社区应急响应队队员团队协作能力。

4. 进行应急救援演练和宣传教育

第一，加强应急救援演练，切实提高应急救援的实效性和针对性。A 街道办事处和社区充分运用社区居民喜闻乐见的方式，结合社区微信公众号等现代媒介，每年定期组织居民开展形式多样的防灾减灾应急救援宣传和演练活动，举办不少于两次的"应急救援"实地演练，组织有医护人员、消防队员及街道救援队志愿者共同参加的应急救援演练，让所有参加人员都亲身感受一场既紧张又有序的救援行动，让观摩的居民群众亲身体验灾害来临时如何自救逃生和如何开展多方联手参与的抢险救援工作，进一步增强街道社区应急处置人员和居民群众的应变避灾快速反应能力。

第二，整合辖区资源，加大灾害应急救援宣传培训。A 街道办事处每年都定期开展应急救援培训和应急救援宣传教育，把培训宣传教育作为有效载体，通过开展丰富多彩的文艺演出和公共安全教育课，引导居民自觉遵守应急救援法律法规，了解灾害风险，掌握逃生自救互救技巧。定期举办应急救援教育培训，及时向社区印发应急救援宣传资料和各类应急救援科教书，切实将各项应急救援和应急逃生宣传教育落到实处，辖区居民应急救援能力明显增强、应急救援意识明显提高。

5. 建成街道信息全覆盖网络监管系统和街道"三维地图导航平台"

第一，A 街道办事处以信息全覆盖为抓手，在办事处和社区办公区、辖区养老助残关爱中心和社区活动中心以及 31 个院落安装了 194 台监控设施，融合了公安"天网"系统 122 个摄像头，设立街道办事处信息网络指挥中心总控制台，每天定时汇总各社区的实时监控信息，实现街道社区全域监控共享，实时掌握辖区居民院落的各类情况，进一步提升了辖区物业管理全覆盖水平，为街道灾害监测、应急防控、社会事务日常管理、社区公共服务、辖区安全防范以及突发事件应急处置等提供了重要信息平台。

第二，A 街道办事处在街道信息化平台上及时设立应急救援栏目，辖区单位、居民群众可以通过应急救援栏目及时了解辖区的各类灾害预警信息，使辖区单位和居民群众提前做好应对灾害的防范措施。

第三，A 街道办事处建成街道"三维地图导航平台"，该平台综合运用了 3DGIS 地理信息系统、虚拟网络、智能监控和物联网等现代信息技术，制作了 A 辖区全域三维地图。辖区全域三维地图的三维界面可以直观显示辖区内的道路、院落、医疗网点、教育机构、服务网点、社会救助体系等相关信息，关联房屋建筑、居民院落、企事业单位和商家信息；可根据人员、单位、电话、路名等相关条件进行模糊查询，还可根据不同人员、不同单位类别开展查询和进行统计。同时，辖区全域三维地图已与辖区内的视频监控系统进行无缝链接，灾害发生时，可通过点击受灾院落建筑直接调取实时监控画面，迅速了解院落受灾情况，也可通过框选受灾区域，查询区域内受灾人员信息。该平台的建成将为街道办事处及时开展高效安全的应急救援提供准确的受灾情况和救灾物资需求情况，极大地提高了街道办事处的应急救援响应速度和效率。

6. 充分发挥街道社会组织与志愿者的社会服务功能

A 街道办事处充分利用辖区内的社会组织和志愿者资源，在辖区内成立了 A 街道平安健康促进协会、A 街道防灾减灾协会等社会组织，并邀请成都市应急救援队、锦江区爱有戏社区文化发展中心等具有专业防灾减灾应急救援技能的志愿者队伍，在辖区内适时开展有关生活安全、应急救援、自救互救等应急救援知识的宣讲培训；定期组织街道志愿者深入老旧院落，针对每个院落的实际情况，免费绘制院落应急疏散地图，确保辖区群众及时掌握相关应急逃生知识，切实提高其自救互救等综合应急救援能力。

社区应急志愿者队伍是基于社区产生的，是联系民众和政府部门的纽带，植根于群众之中，对于开展基层各类应急处置和服务工作发挥着无可替代的基础作用。2014 年以来锦江区在水井坊办事处水井坊社区开展了全市第一批社区应急能力试点建设工作，建立起了一套"以信息技术为纽带、社会力量共同参与"的综合应急管理模式。为进一步提升基层社区应急处置能力和服务水平，2016 年年初，锦江区在水井坊社区积极探索社区应急志愿者队伍建设工作，现已建成了一支公众有序、有效参与，社区两委、网格员、城管、巡逻队及驻区单位、居民小组长、楼栋长等人员按各自职责分工、各司其职，密切配合、协同作战的社区应急志愿者队伍。

（1）应急志愿服务队伍组建历程

水井坊社区位于锦江区中部，属于府河、南河两江环抱之地，历史悠久，面积为 0.30 平方千米，共有 9 个院落，社区云集了包括世界 500 强在内的近百家非公有制企业，日均流动人口近万人。水井坊社区防灾减灾自组织能力建设的具体做法有：第一，建立健全应急志愿者队伍。水井坊社区在社区应急能力试点建设工作中发现，社区无论是应急能力还是应急力量均较为薄弱，急需建立一支成熟稳定的应急志愿服务队伍。针对这个突出问题，社区党委立即召集社区院落居民小组长、楼栋长开会研究，成立由水井坊社区书记担任组长、主任担任副组长，以

"两委"人员及重点企事业单位的负责人为成员的应急体系建设工作领导小组，负责指导、协调全社区应急体系建设规划和实施工作。组建应急志愿者队伍，形成了一支以社区"两委"、网格员为骨干，以城管、综治队员为主体，以社区楼栋长、小组长及时代8号、兰桂坊、水井坊博物馆等企事业单位志愿者为基础的共计100余人的应急处置力量。第二，加强队伍自身培训，满足应急救援需要。为保证这支应急志愿力量在关键时刻拿得出、用得上，社区详细制定了应急志愿队伍建设管理制度，明确队伍管理及使用等各方面要求，同时按照应急突发事件分类，每年定期组织开展防灾减灾、安全维稳、事故灾害等不同类型主题应急演练及宣传培训活动，不断提高辖区单位群众安全防范意识和应急处置能力，营造人人参与社区应急能力建设的良好氛围。第三，多元手段助推应急处置能力提升。社区充分发挥街道信息化平台优势，通过安装在辖区的300余处监控探头实时掌握社区情况，为处置各类应急突发事件提供必要的基础条件，实现区域巡查监管、信息上报、应急处置等各项环节数字化。一旦发生突发事件，利用手机端App对实时情况进行拍照上传，第一时间掌握事件发生地、发生现状等情况，及时通过总调度台安排最近应急力量、掌握事件进度，为专业人员和群众共同有效开展应急处置与救援等工作提供帮助，极大地提高了社区应急防控能力。

（2）"六有"规范促进防灾减灾应急志愿服务活动

为了健全和完善社区应急保障体系，加强综合应急志愿者队伍建设，水井坊社区严格按照"六有"规范促进应急志愿队伍服务活动开展。积极组建了一支以群众为基础、专业人员为业务骨干，社会各方力量参与，人数稳定的应急志愿者队伍。

第一，有志愿者和服务对象的档案。可以从数据管理库中调取注册在案志愿者和服务对象的职业、年龄、技能特长等个人信息。第二，有针对性地开展多种多样的志愿服务活动。第三，有相对固定的服务项目。社区根据阶段性工作需求，在志愿者管理数据库发布法制宣传、文化教育、防灾减灾等各方面项目信息。系统注册志愿者可根据个人工作履历、专业特长选择适合服务项目。第四，有一个相当稳定的服务基地。社区在青龙横街建有应急能力志愿者服务基地，同时配置有电瓶车、对讲机、移动数据平台等装备，为应急志愿服务活动开展提供基本保障。第五，有完整的活动计划。根据项目计划，在志愿者数据管理库中发布活动内容、招募人数、业务技能、活动时长等基本情况，上报通过审核并在活动结束后对项目开展情况进行总结。第六，有规范的管理制度。建立推行注册志愿者制度，系统接纳志愿者的报名申请，登录系统可以实时查询个人服务项目种类、服务时长等信息，为日常人员管理、年终考核评优等方面提供有效依据。

（3）"以练为战"加强防灾减灾应急志愿队伍素质建设

防灾减灾应急志愿队伍建立后，宣传工作大部分都由居民志愿者开展。针对部分志愿者专业知识、技能不熟等情况，社区建立起了一套完整的志愿者培训制度，定期开展应急志愿队伍业务培训和应急演练，将志愿服务基础培训和特定专业知识技能培训相结合，全面开展志愿者初次培训、阶段性培训和临时性培训。帮助志愿者深化服务理念、改进服务态度、增强服务技能、提高服务质量、提升服务水平，保证其应急救援能力能够满足社区和重点领域突发事件应对工作需要，最大限度地避免和减少突发事件造成的不良影响与人员财产损失。同时，针对气象灾害、地质灾害、动物疫情、公共卫生事件、群体性事件等易发的各项应急突发事件，积极组织志愿者队伍开展演练，"以练为战"，不断提高队伍应急响应能力和专业素质。

如今，水井坊社区通过防灾减灾应急志愿者队伍的建设，建成了社区"两委"、网格员、城管、巡逻队及驻区单位、居民小组长、楼栋长等各司其职、协同作战、互相支持、密切配合、全力以赴做好各项应急处置工作的机制。对灾害风险和隐患，做到早发现、早预防、早解决，努力把各类灾害事件解决在基层、化解在萌芽状态，同时，加强敏感时期的监控工作，有力地维护了辖区的安全和社会稳定。

7. 加强社区应急设施和物资储备

A街道在防灾减灾应急设施建设的具体做法有：第一，制作应急救援知识宣传栏10余块，设立街道社区临时应急避难场所3处，总面积5 000平方米，可容纳7 000余人。在每个社区院落内设置明显的安全出口标识牌和应急避难场所指示牌等标识标牌。在辖区内的主要路口制作辖区"灾害应急疏散地图""风险地图"以及"综合避难地图"，确保辖区居民群众在灾害发生时都能及时赶到临时应急避难场所。第二，在区一级层面建有应急物资储存仓库，物资清单也详尽罗列了各类物资，如大观防汛物资仓库。A街道也设有综合减灾应急物资代储点，但缺乏专业的应急救援器材，部分应急救援物资长期处于荒废状态。同时，因为资金问题，应急物资的更新淘汰往往只是置换水、食品等。街道社区物资储备室内储备有充足的灭火器、应急灯、警示带、喊话器、防毒面具、斧头、铁锹、雨衣、雨靴、手电筒、急救箱、蜡烛、米、油等应急救援保障物资，确保灾害发生时能够及时有效地救助受灾群众。目前，成都市基层街道一级还没有应急专项资金，相应工作经费一般在街道办事处自有资金中列支。

三、A 街道社区防汛抢险案例分析

2016 年 7 月，成都暴雨不断，城区道路出现不同程度的积水，部分地区出现内涝，被网友调侃的"看海"场景再现。锦江区 A 街道迅速组织社区力量投入辖区防汛抢险，成功避免了辖区内较大内涝的发生，减少了财产损失。整个防汛抢险经历了防灾减灾应急处置的全过程。

1. 应急准备

A 街道的防汛应急抢险是在区防汛指挥部的指挥下进行的，其参与防汛抢险的流程如图 4.1 所示。

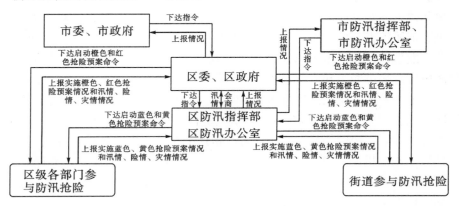

图 4.1　锦江区防汛抢险指挥流程

A 街道根据《锦江区防洪抢险应急总体预案》，制订了辖区防洪抢险应急预案。确定了组织结构，由城管科负责防汛抢险具体工作，调查摸清辖区小区、院落的排水出口状况，并对有堵塞现象的排水管网采取措施，组织力量疏通，对辖区内防汛重点区域进行了排查，共计排查出防汛隐患点位 6 处。制订了汛期应对措施，对隐患点位内居住户数、人数、内涝面积进行了统计，将重点点位防汛责任落实到人，明确了防汛重点区域的人员、物资转移和安置地点，如表 4.2、表 4.3 所示。

表 4.2　锦江区防汛隐患点位情况调查

序号	排查单位	隐患点位名称	存在的主要问题	汛期中应对措施	辖区
1	A 街道	点将台 68 号	低洼老旧院落	加强疏掏、巡查，备足防汛物资	A 街道
2	A 街道	均隆滨河路 129 号	低洼老旧院落	加强疏掏、巡查，备足防汛物资	A 街道
3	A 街道	牛王庙后街 114 号	低洼老旧院落	加强疏掏、巡查，备足防汛物资	A 街道
4	A 街道	牛王庙后街 56~112 号	低洼老旧院落	加强疏掏、巡查，备足防汛物资	A 街道
5	A 街道	青和里北段 10 号	低洼老旧院落	加强疏掏、巡查，备足防汛物资	A 街道
6	A 街道	青龙正街	低洼老旧院落	加强疏掏、巡查，备足防汛物资	A 街道

表 4.3 锦江区防汛重点及人员临时转移

低洼易淹易涝地区名称	居住户数	内涝受淹面积/m²	影响人数	应急抢险负责人	联系电话	人员转移临时安置地	临时安置地负责人	联系电话
点将台 68 号	96	1 920	288	××	××		××	××
均隆滨河路 129 号院	15	230	30	××	××		××	××
牛王庙后街 56~112 号	32	1 000	78	××	××	成都十七中	××	××
牛王庙后街 114 号	60	360	190				××	××
青和里北段 10 号院	94	5 162	235	××	××		××	××

防汛物资准备方面，A 街道准备了防汛抢险一般车辆 11 台，抽水泵 4 台，抽水车、吸污车等专业车辆由区防汛指挥部统一调配安排；准备了编织袋 600 条、防洪沙石 4 方、锄头 10 把、铁铲 14 把、照明灯 20 个，储备于辖区内库房，由专人负责管理。大宗抢险物资，如防洪沙石、块石、土工布、木材等，采取"定点联系、随时可取"的原则，保持与具备条件的部门、街道的衔接，确保汛期中能及时顺利运抵辖区；在区卫计局的支持下，做好辖区防汛抢险医疗救护、防疫消杀准备。

2. 应急预警

街道一级作为基层单位，没有设置雨量监测站，由成都市水务局统一进行监测并向全市部门发布信息，因此，街道社区防汛的监测主要依靠人力和经验判断。

当锦江区防汛指挥部向全区发布了橙色预警时，A 街道通过信息指挥平台，依托网格员、城管队员等应急队伍，快速收集辖区降雨、汛情实情以及受灾程度，根据收集的情况，分析内涝发展趋势，通过社区、微博、广播、微信公众号等方式及时向辖区群众发出橙色预警，并通过值班电话、党政内网及时向上级报告汛情，同步向辖区内各单位和部门下属单位传达上级防汛部门发出的汛情与防汛预警信息，是指挥信号上传下达的重要节点。

3. 应急处置

当降雨量较大时，街道党工委立即召开紧急会商，成立临时指挥机构，统一现场指挥，整合全街道力量，商量应对特大降雨措施，重点关注辖区隐患点位和脆弱人群的转移。党工委书记坐镇街道信息中心指挥、调度、协调抢险工作，街道其他班子成员立即分散到社区指挥防汛抢险工作，街道各科室进入防汛抢险一线。另外，A 街道迅速组织力量，对 6 个重点防汛隐患点位布控，将抽水泵调往各个点位，并派出 10 名网格员，对辖区危急房屋、桥涵、校舍、电力设施情况进行认真巡查。

随着雨量增大，低洼易淹易涝点位可能出现积水。一方面，A 街道及时向区防汛指挥部报告实时情况。另一方面，组织社区工作人员将辖区低洼棚户区的住户转移至安全地区，同时检查小区、院落出水口状况，组织人员对堵塞的出水口全力进行疏通。因区间暴雨持续时间较长，部分地势低洼的院落小区出现排水困难，积水较重，调运至现场的排涝机具抽排功率无法满足需求。A 街道迅速协调区级部门，调运城管部门排涝机具支援，成功进行内涝排除。A 街道防汛抢险临时指挥机构组织构架如图 4.2 所示。

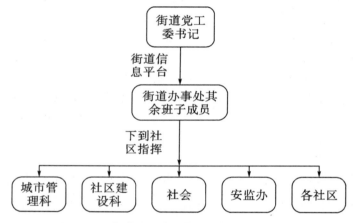

图 4.2 A 街道防汛抢险临时指挥机构组织构架

4. 事后恢复与评估

社区内涝消退后，经锦江区应急指挥部研究决定，终止全区启动的橙色应急预案。A 街道根据实际情况——辖区内涝已得到妥善处置，经街道研究终止街道橙色预警并指导社区开展善后工作，安排城管队员对社区防汛隐患点位排水口畅通情况进行检查，安排清扫队处理洪水过后留下的淤泥和低洼地段积水，并及时向区防汛办报告有关情况。街道各科室在接下来的汛期期间，加强防汛隐患点位巡查，落实 24 小时防汛值班。事后，进行总结评估，街道办事处会对本次防灾减灾应急工作进行认真总结和评估，梳理经验教训，改进社区应急抢险工作；同时安排在非汛期期间加强应急演练，以更好地应对该类自然灾害。

四、A 街道社区防灾减灾自组织能力提升途径研究

A 街道地处成都市中心城区锦江区核心地段，拥有众多优势资源，经济社会发展迅猛。分析 A 街道社区的防灾减灾自组织能力建设的具体做法，可以给我们一定的启示。近几年，对纳入目标绩效考核的重点工作，A 街道都有着很多先进经验。虽然锦江区把防灾减灾社区试点创新放在了 A 街道，但因重视程度不同，防灾减灾工作与街道其他工作相比仍存在一定差距。A 街道城市管理工作形成了一套"信息化、网格化、系统化"较为成熟的体系，城市管理转型升级不断深入，树立了全域服务的理念，构建了"大城管"工作格局。因此，防灾减灾应急管理工作借助其他优势工作力量，与优势工作有机结合，借鉴好的做法、利用好的资源，便能够不断提高 A 街道防灾减灾应急管理能力。以下是梳理总结 A 街道社区防灾减灾自组织能力提升的途径。

1. 借助优势力量

社区积极参与防灾减灾应急管理工作。目前，A 街道已实现区域管理网格化；42 名城管队员被划入网格中，并配备通信和摄像器材；整合 35 名网格综合治理人员、40 名社区工作人员（院落骨干）参与管理，完善了服务站长、网格员、居民小组长和楼栋长共计 130 余人的社区城管服务站四级网络人员配置，管理力量平均密度达到 8 人/街道。这样一支强大的网格队伍，也应将应急管理作为其日常工作的重点之一，掌握辖区内存在风险的点位，进行常规化巡查，做到有效整合，提升应急管理队伍力量。同时，A 街道在各个社区设立社区城管服务站。该服务站也要负责防灾减灾应急管理工作，是防灾减灾应急物资储存点、应急文化宣传站等。

2. 快速响应

依托 A 街道已建成的"扁平化"城市管理信息平台，当发生灾害突发事件时，社区能够快速响应，调集救援力量开展抢险救灾，将灾害损失降到最低；能够第一时间通知相关人员快速到达指定区域采取应对措施，如发出预警信息、转移疏散人员等；能够发挥指挥决策作用，综合协调指挥辖区内城管、综治、安监、派出所、司法和保洁公司等队伍，对灾害突发事件进行快速、及时和有序的处理。

3. 开展自组织能力建设

借鉴街道城市管理工作先进经验，通过广泛征求辖区单位、商家店铺、院落群众意见，加强社区防灾减灾应急文化宣传力度，开展各种防灾减灾应急知识教育活动，在社区内各街巷和居民院落形成一种非官方"协议"——防灾减灾应急管理"公约"。通过这样一个"公约"，明确

辖区单位、商家店铺、院落群众的应急责任，帮助其树立自我保护责任意识，提高社区居民防灾减灾应急管理知识和技能，改善居民家庭应急物资准备现状，提高其应急处置意识，增强其自救互救能力。

4. 整合应急力量

首先，整合社区力量。将防灾减灾应急管理作为各社区常规工作之一，打破部门界限，统筹协调，发挥职能重点突破，变"分散型管理"为"综合化管理"。其次，整合社区范围内单位力量。成立防灾减灾应急管理办公室，召开应急管理联席会议，积极整合社区内单位、学校、物业公司等力量，共同参与防灾减灾应急管理工作。最后，整合社会组织力量。街道先后培育、孵化社会组织达 52 家。支持鼓励社会组织积极参与社区的防灾减灾应急管理工作，积极参与应急管理公约制定，等等。

第二节 成都市锦江区社区防灾减灾自组织能力建设存在的问题及原因

近些年，成都市锦江区基层社区防灾减灾应急管理工作得到了党委、政府的高度重视。社区在应对突发灾害事件时，能够迅速组织力量，快速响应、迅速处置。但基层社区防灾减灾应急管理仍存在参与主体单一、多头管理、不主动、经费不足等问题，问题形成原因也较为复杂。目前，成都市中心城区都是以市级到区级再到街道办事处这样的管理模式，锦江区各个街道的运行管理模式都相近，因此，大多问题都属于共性问题。

按照成都市的统一部署，全市于 2015 年启动基层社区综合应急能力建设示范社区打造工作。2015 年锦江区完成了两个综合应急示范社区打造，2016 年完成了两个。从目前综合应急示范社区推进打造情况看，锦江区社区综合应急能力建设总体情况是建设起步晚、基础薄弱、建设能力参差不齐，但发展潜力巨大。

一、存在的问题

锦江区社区防灾减灾应急管理能力虽然提升明显，但仍存在一些不容忽视的问题，主要表现在以下七个方面：

1. 应急预案作用有限

锦江区制订了总体应急预案 1 个、区级专项应急预案 40 个、部门应急预案 36 个、各街道办事处总体应急预案 16 个、社区应急预案 116 个。在锦江区社区一级编制了突发事件的总体应急预案和部分专项预案，这些社区应急预案虽然种类繁多、覆盖面广，但都存在一些不足，表现为：应急预案内容千篇一律，不符合社区自身实际；不能与上下级、相关部门的应急预案相互衔接，难以发挥作用，实效性和针对性不足。

2. 多头管理

社区处于组织架构的最底层，不得不面临每个上报部门都能指导、每个上报部门安排的任务都必须完成的局面。目前，锦江区社区一级建设考核目标有"综合减灾示范社区""平安社区""安全社区"和基层公共卫生核心能力建设。这些考核指标由区级不同的部门颁布并进行考核，但社区的能力和资源本身就十分有限，这就导致社区出现应付上级了事、检查通过但工作却没有得到有效延伸、人力物力财力浪费等问题。如何将建设目标统筹到一起，全面综合考核社区，整合多方力量开展工作，是亟待解决的问题。

3. 思想认识不到位，工作不主动

部分社区在防灾减灾应急能力建设上存在重视不够、理解不到位、建设内容和标准不熟悉等情况，具体表现为建设主动性不强、缺乏主动建设的内生动力。从 2016 年打造的 20 个防灾减灾示范社区建设情况来看，部分社区没有研究推动工作的会议记录和推进工作的具体计划，有的社区甚至连建设的内容和标准都不清楚，更不用说如何去推进工作。

实际的社区防灾减灾应急管理中，许多社区工作人员仍将应急管理工作作为一项例行公事，或将其视为上级摊派的任务，消极情绪多，没有在社区树立起真正的风险防范意识，对应急管理的态度仍是当事情发生后才重视，工作的开展大多是被动的，更多是为了应付上级要求、完成创建指标、通过年终考核；甚至只是把防灾减灾工作当成一项行政管理任务在执行，将工作的重点放在了表面上，没有建立和形成长效机制。

4. 社区防灾减灾应急管理参与主体单一

在成都市防灾减灾应急管理建设中，政府仍采取的是传统的"管理"思维，而不是治理理念，政府在防灾减灾应急管理中更多扮演决策者、组织者、执行者等多重角色。在社区防灾减灾应急管理工作中，街道办和社区居委会是主要的参与者，承担了几乎所有的应急工作，社区居民、企事业单位、非营利组织等参与较少。前面对锦江区 A 街道社区防灾减灾应急管理自组织能力建设的主要做法进行了分析，虽然有锦江区爱有戏社区文化发展中心等社会组织参与社区应急管理工作，但防灾减灾应急管理的主体还是以政府为主的公共部门，社区居委会协助执行，社区居民、企事业单位、非营利组织等仍然极少参与其中。

5. 居民自救互救能力差

社区居民是灾害的直接承担者，居民的逃生避险技能、自救互救能力的高低直接影响防灾减灾的成效。目前，成都市虽然逐渐重视应急知识的宣传教育，但宣传教育还未达到预期效果，社区在应急救助救护知识宣传培训方面缺乏经费支持和专业技术支撑，使该项工作严重滞后于社会发展需要。同时，社区居民很少主动学习相关知识，在日常的生活中，也不十分注重居家安全、交通安全等，很少采取风险防范措施。对于应急器材的使用、逃生通道线路、避难场所位置等关键知识、关键信息，居民掌握得较差，导致避险自救能力差。

如今，成都市区的住宅大多为高层电梯公寓，社区居民之间平时相互走动和交流较少，难以取得相互之间的信任，居民之间的感情也十分淡漠，在灾害发生时，难以有效展开互助互救。

6. 经费不足、物资和设施不完善

（1）经费不足

成都市锦江区社区的工作经费是由财政统一预算，拨付至街道，由街道安排。目前，成都市级财政没有匹配相应的专项资金，区级财政压力又很大。区级各部门、街道的很多工作任务，最终落地都依靠社区。社区事务性工作任务繁重，面对的检查又多，在资金安排上，难免出现向重点工作倾斜，导致用于防灾减灾应急管理的专项经费严重不足。虽然 2016 年锦江区向成都市市申请了每个社区 2 万元的专项建设经费，但我们通过对社区防灾减灾应急管理建设推进情况的调研了解到，经费并不能满足全部防灾减灾工作，使得社区防灾减灾应急能力建设推进缓慢。

（2）物资匮乏

社区经费预算不足，就直接导致不能匹配防灾减灾应急物资，更没有经费安排应急培训、社区居民防灾减灾应急演练等，也间接导致社区工作人员对应急管理工作的不了解、不重视。同时，社区防灾减灾应急物资管理也存在问题，不能满足救灾需要。社区仅有一些消防器材、食品、水、雨具等应急物资，数量有限、品种匮乏，缺少一些专业应急抢险器材，不能满足多种类自然灾害、事故灾难先期处置或协助处置的救灾需要，应急物资的管理模式仍然是陈列式以备检查。

（3）应急基础设施建设滞后

应急避难场所是现代城市用于民众在灾害发生后的一段时间内躲避灾害的具有一定功能的场地。目前，锦江区只能利用有限的街头绿地、街头广场、辖区学校建设社区应急避难场所，但多数社区还没有同时配建相应的逃生线路和应急避难场所的标识标牌，存在有场地却需要重新设置应急标识标牌的情况。

7. 应急响应队伍建设不理想

在 2016 年的全国两会上，来自成都的全国人大代表联名向大会提交了《关于提升大中城市基层社区应急管理能力的建议》，希望通过采取积极措施，改善我国城市基层社区应急管理的薄弱环节。虽然成都已经在全国范围内率先安排社区应急响应队示范培训，但这些队伍绝大多数都是临时组建，组建之初可能接受过一两次专业培训，但培训的长效机制还未建立，存在培训缺乏实战操作、效果不理想、防灾减灾意识和理念还未建立等问题，大大影响应急响应队伍的救援能力。

目前，锦江区的社区有综治队员、网格员以及城管队员等队伍，并建立了应急响应队伍。但是社区事务性工作繁杂，并未从根本上梳理出全力推进社区防灾减灾应急能力建设的总体思路、具体步骤和阶段性工作计划，存在上级部门推一下才动一下的实际情况，未能主动将综合队员、网格员以及城管队员整合为综合防灾减灾应急力量，应急队伍建设力量暂时还显得十分薄弱。

二、原因分析

以上分析了锦江区的社区在防灾减灾应急管理方面存在的应急预案作用有限，多头管理，思想认识不到位、工作不主动，社区防灾减灾应急管理参与主体单一，居民自救互救能力差，经费不足，物资和设施不完善，队伍建设不理想七个方面的问题，其原因主要还是应急预案不实、机制不健全、缺乏动力、参与渠道不畅通、意识淡薄、经费缺乏保障、应急响应队伍救援能力低等。

1. 应急预案不实

"凡事预则立，不预则废"，制定有针对性的应急预案是及时有效开展应急管理工作的重要保障。锦江区社区应急预案难以发挥其作用的主要原因为：第一，社区作为最前沿组织，其人员力量相对于上级部门还十分薄弱，缺乏熟练掌握专业知识的人才，难以编制出针对性强的应急预案。第二，将应急管理工作视为上级布置的任务，存在应付思想，故在编制预案时存在相互套用、照搬上级部门专门应急预案的现象，也没有结合社区的风险评估结果和社区资源来编制预案，无法回答在实际处置突发灾害事件时面临的问题，应急预案缺乏针对性。第三，社区在编制应急预案时，没有得到掌握专业知识的区级部门的规范指导，超过自己社区管辖范围或职责时仅点到为止、交代不清，致使预案缺乏专业性、系统性。第四，缺乏应急协调机制，没有进行整体统筹，预案没有经过实战演练。第五，社区缺乏足够重视，未及时修订完善预案。

2. 机制不健全

我国应急管理体制机制建设取得了快速发展，中央层面和地方政府层面都建立起了相应的应急管理体制，但基层的应急管理体制建设却鲜有进展。社区在进行应急管理中，只是一味按照上级指示行动，缺乏长远规划，没有建立常态化的社区应急管理机构和协调机构，使得社区在防灾减灾应急管理中出现"没人管理"的情况。

在应急管理工作实践中，锦江区 A 街道通过一系列示范社区的建设，得到了上级部门的支持和指导，建立了组织机构、社区隐患排查机制、社区志愿者队伍、应急演练制度等，完成编制了综合性社区应急预案和各类专门应急预案，但社区应急管理机构不健全，制度存在诸多缺陷，如社区应急管理体制不健全、社区应急管理机制缺乏效率、社区应急预案形式主义严重、协调机制不健全等。防灾减灾应急制度的不健全直接导致了社区应急管理中"缺人、缺钱、缺物"，防灾减灾应急处置效率低等问题。

3. 社区应急管理缺乏动力

社区将应急管理工作视为上级部门的任务摊派，工作被动，缺乏主动性，这种工作态度和情绪必将反映在应急管理预案编制上，再加上缺少专业人才支持和上级指导，没有结合实际，缺乏可操作性等因素，可能导致应急管理预案仅仅成为应付上级检查的材料，变成一纸空文。同时，政府部门从上到下，都十分重视灾害发生后的响应时间、处置速度，但大多都忽视灾前做好预防准备这一防灾减灾应急管理的关键环节。这一现象，也直接作用到社区防灾减灾应急预案编制上，缺少对灾前预防准备环节的重视。

4. 参与渠道不畅通

在成都市，防灾减灾应急管理工作以政府为主导，社区居民、企事业单位、非营利组织等从属配合，采取市、区、街道三级管理，社区应急管理主要由街道社区建设科负责，具体工作由一名工作人员兼任，没有专职人员。社区工作人员大多采用合同聘用制，人员整体素质不高。因此，社区防灾减灾工作有时会出现无人问津的局面，辖区内的其他单位更是很少参与社区防灾减灾应急管理工作。当重大突发事件产生影响较大、受到社会广泛关注后，这些单位才会因上级部门或舆论的压力，积极参与防灾减灾应急管理的后续工作。

在 A 街道工作实践中，没有为社区居民、企事业单位、非营利组织等提供参与应急预案制定、应急演练、社区风险排查、应急宣传教育、应急处置、应急恢复等应急管理环节的长效机制和渠道，也没有积极争取辖区其他单位、组织在应急管理工作上的支持，在防灾减灾应急管理中往往是"单打独斗"。

5. 应急抢险救灾自组织意识淡薄

我国应急管理开始于2003年"非典事件"，在2008年汶川地震后得到了飞速发展，至今也只有17年。居民学习应急管理相关知识的机会不多，应急管理的意识较为淡薄。归纳起来，社区居民应急抢险意识淡薄的主要原因为：第一，缺乏责任感。由于政府在这方面的宣传教育不够，民众没有树立起"自己生命自己保护"的理念，认为防灾救灾是政府的事。又由于上级部门习惯于管理各项公共事务，使得社区处于被动员、被安排的被动处境中，而社会大众也习惯于听从政府安排，强化了"救灾靠政府"的理念。政府致力于发展应急科学技术，却忽视了应急文化的建设、教育和宣传，没有将应急管理定位为公民的责任义务，没有营造防灾减灾应急管理的文化氛围。第二，参与渠道不畅通。社区提供给辖区单位以及居民积极参与自己居住地的防灾减灾应急管理的渠道还不畅通，缺乏制度保障。第三，随着我国城市发展进程的加快，社区居民的流动性加强，居民构成成分变得复杂，受到的防灾减灾应急管理教育培训程度也不一样。同时，外来务工人员大多不愿意参与当地社区组织的各项活动，也给社区组织相关活动造成难度。

6. 经费缺乏保障

社区由于其自身资源十分有限，其应急经费主要来源于政府投入。但应急经费投入多、见效慢，甚至根本看不到、摸不着，很难有政绩或得到社会公众的普遍认可，故很难得到政府资金的倾斜。但是，没有了经费的保障，就无法采购相应的救灾物资，不能对现有的救灾物资进行维护保养、更新换代，如此一来，经费问题就延伸到物资保障方面。同时，社区没有积极争取辖区内其他单位的支持，也造成了应急经费仅仅只能依靠政府投入，资金来源渠道窄、数量少。

关于避难场所建设问题，锦江区地处中心城区，土地资源紧缺，老旧院落改造成本越来越高，受规划等因素影响，新建改建应急避难场所困难，只能利用现有设施。但在打造街头绿地、街头广场以及建设学校时，又未能统筹考虑其综合功能，无法满足应急避难场所在通信、电力、供水、物流、信息等方面的要求。

7. 应急响应队伍救援能力低

成都市建立的日常基层防灾减灾应急救援队伍的规模已达到7 000人，包括社区网格员应急队伍、居委会应急队伍等，其主要任务是日常基层应急安全巡查和突发事件就地抢险救援。但这样一支规模庞大的队伍，同样面临着一系列问题：一是缺乏专项经费来保障队伍的基本建设，队伍组成人员往往是承担了其他工作的人员；二是缺少专业人才，队伍整体素质不高；三是缺乏长效机制，没有长期系统培训，造成防灾减灾应急管理能力低、抢险救灾效率不高；四是缺乏激励机制，造成应急队员动力不足；五是未能整合社区现有力量，包括综治队员、网格员以及城管队员，还没有把这三支队伍整合在一起投入社区的防灾减灾工作。这些问题，导致了队伍救援能力还不能满足防灾减灾应急管理工作的需要。

第三节　成都市锦江区社区防灾减灾自组织能力提升途径

加强基层社区防灾减灾自组织能力建设是提高预防和应对突发事件能力、提升公共服务水平和创新社会管理的重要举措，是为民生大众服务的最真实体现，是突破防灾减灾应急管理从街道到社区、最后进入市民家庭"最后一公里"瓶颈问题的重要手段。要对存在于基层社区防灾减灾应急管理中的问题进行分析，着力于理念、体制、机制创新，提出完善制度，创新模式，全面提升社区防灾减灾能力；推进社区治理，建立多元参与的应急管理体系；营造防灾减灾文化氛围，提升应急救灾能力；保障救灾物资和经费；加强应急响应救援队伍建设等。这五个方面的措施，可以提升防灾减灾应急管理能力，力争做到一般应急突发事件在基层社区就能快速高效妥善处置、特别重要突发事件由上级职能部门与辖区街道办事处就能快速高效妥善处置。

一、完善制度，创新模式，全面提升社区防灾减灾能力

制度是办事规程和行动准则。不断完善规章制度能够发挥各方优势、整合各方力量、提高组织的协调性和管理的有效性、获得最大效益。提升基层社区防灾减灾自组织能力，必须完善社区的规章制度，健全法律法规，落实责任、明确分工，指导规范开展防灾减灾工作，并不断创新应急管理模式，构建扁平化信息指挥平台以快速响应。社区防灾减灾应急管理组织构架如图4.3所示。

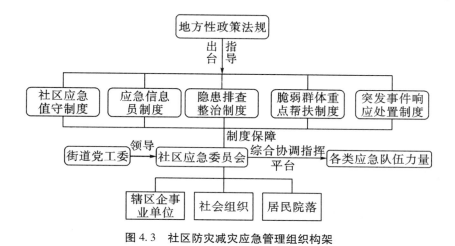

图 4.3　社区防灾减灾应急管理组织构架

1. 健全法规，规范指导

《中华人民共和国突发事件应对法》对社区参与应急管理做了规定。四川省于 2012 年出台了《四川省突发事件应对办法》，但仅对县级以上政府应急管理工作做出了规范，未涉及社区、村一级。建议出台相应的地方性法规来规范社区、村一级防灾减灾应急管理工作。建议修改相关法规，将重点放在基层社区的组织搭建、救灾物资和经费的保障等方面。要做出相关规定，让社区在开展防灾减灾应急管理工作时有章可依。另外，国务院早在 2007 年就出台了《关于加强基层应急管理工作的意见》，成都市应出台地方性法规规范指导社区应急管理工作，强调防灾减灾应急管理工作的重要性。

2. 完善制度，形成机制

要建立完善的社区防灾减灾应急管理制度，形成防灾减灾机制。一是建立社区应急值守制度。设立社区应急值班室，落实 24 小时值班值守，建立值班值守和突发事件信息报告制度规范，落实特别重要突发事件 10 分钟直报制度。二是建立灾害应急信息员制度。实行辖区网格化管理，每个网格设立 1 名灾害应急信息员，辖区内的重点单位确定 1 名灾害应急信息员，根据社区特点设置地质灾害信息员、危险源监测员等监测岗位，将其整合纳入灾害应急信息员队伍管理。三是建立灾害隐患排查整治制度。要务实开展突发事件风险评估，全面排查区域内的安全隐患，加强对社区内风险点、危险源、隐患点的日常监测防控，及时发布预警信息。四是建立脆弱群体重点帮扶制度。建立辖区内老人、儿童、病残人员等脆弱群体信息数据库，建立专人结对帮扶和定期探访制度。当突发灾害事件发生时，能够第一时间对他们采取疏散等应急措施。五是建立突发事件应急响应处置制度。社区一旦发生灾害突发事件，要立即报告属地街道办事处和相关区级职能部门，迅速组织社区综合应急抢险救灾队伍和社区居民参与先期处置工作。抢险救援结束后，要有效组织开展生产自救、恢复重建和善后处置等工作。

3. 创新模式，突破瓶颈

按照锦江区成立应急委员会的机构建设思路，积极探索建立社区基层党组织领导下的社区应急委员会。委员会主任由街道办事处分管副主任兼任，副主任由社区党委书记、主任兼任，委员会委员从社区居民中选出，同时由街道出面聘请辖区内素质和能力较高的医生、企业家、驻区单位领导等担任委员会委员。委员会的成员单位为辖区内驻区的企事业单位、社会组织以及社区居民院落。委员会办公室设在社区日常办公地点，并设立社区防灾减灾应急管理专岗。这样一来，也为社区其他主体参与社区事务搭建了平台。委员会负责辖区内防灾减灾应急管理过程中的一切工作，配合行业主管部门督促指导辖区内的机关、学校、医院和重点企业及时建立完善的灾害应急响应机制。这样，当收到灾害预警信息时，就能够迅速做出决策，组织人员转移，将人员伤亡和财产损失降到最低；灾害发生时，就能够第一时间组织力量进入现场开展抢险救灾；事后恢复时，就能够组织多方力量参与恢复重建。

4. 建立社区应急信息指挥平台

要建立扁平化信息指挥平台：一是整合公安天网、城市管理指挥平台监控和小区物业管理监控，及时将辖区存在风险点位纳入监控范围，依托现有比较成熟的城管指挥平台，当发生突发灾害事件时，迅速通知相关人员快速到指定区域采取措施，如疏散人员等。二是建立包括社区基本情况、应急预案、应急管理制度、危险源数据、救灾资源、应急队伍、应急案例等内容的社区防灾减灾应急管理基础信息库。三是发挥平台中枢神经作用，综合协调指挥辖区城管、综治、安监、派出所、司法和保洁公司等队伍，对突发事件进行快速、及时和有序有效的处理，将损失降到最低。

二、推进社区治理，建立多元参与的应急管理体系

党的十八届三中全会将"完善和发展中国特色社会主义制度，推进国家治理体系和治理能力现代化"作为全面深化改革的总目标①。在这样的背景下，全面提升社区防灾减灾应急管理能力，应结合社区自治，构

---

① 新华网. 中国共产党第十八届中央委员会第三次全体会议公报［EB/OL］. ［2013-11］. http://news.xinhuanet.com/politics/2013-11/12/c_118113106.htm.

建社区组织、居民、辖区单位、营利组织、非营利组织等共同参与的新体系，让其他主体参与渠道的畅通，积极引导各方参与，充分整合现有资源。

1. 加强指导社区应急管理工作

我国政府在应急管理中发挥着主导作用，但任务摊派式的管理模式给社区增加了工作负担，社区在应急管理活动中不积极、不主动，一味应付上级部门安排，带来很多弊端，如行动迟缓、难以建立长效机制等。当前，要充分调动社区的积极性、提高社区的主动性，政府要主动变换角色，成为"引航者"，加强在应急管理工作中对社区的指导，充分发挥社区在防灾减灾应急管理中的主观能动性。

2. 协调引导各方参与

首先，街道要充分整合部门力量，将防灾减灾应急管理作为各部门常规工作之一，打破科室界限，统筹协调，发挥职能重点突破，变"分散型管理"为"综合化管理"。其次，"在灾害发生时，公共组织和非营利组织的合作可以更有效地为社区提供服务"①。要让多方参与社区防灾减灾应急管理的渠道畅通，积极引导协调多方参与社区应急管理工作，充分发挥各方优势，有效整合资源。辖区驻地的其他单位、社会组织，根植于社区，社区的一切活动都直接或间接对他们造成影响。要充分发挥这些主体的资源优势，让其承担应承担的防灾减灾应急管理责任，这样能够极大提高社区灾害应急信息收集效率、丰富社区救灾物资，提高社区的灾害应急处置能力。多元参与的防灾减灾应急管理体系如图 4.4 所示。

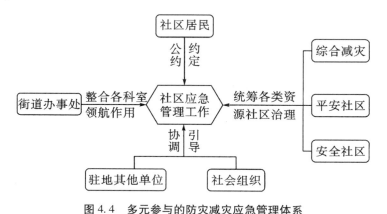

图4.4　多元参与的防灾减灾应急管理体系

① KAPUCU N. Public－nonprofit partnerships for collective action in dynamic contexts ［J］. Public Administration：An International Quarterly，2006（1）：200-205.

3. 增强社区自组织能力

社区自治是国家治理的重要体现形式，能够有效结合基层民主自治与政府行政行为，增强社区自组织能力，实现多元参与的新局面。要创新社区社会治理，增强社区自组织能力，推动基层政府职能转变，推动服务型政府建设，推动基层体制改革；要完善社区治理结构，发挥社区居委会自治主体作用，积极培育社区社会组织；要大力发展社区社会组织①。提升锦江区社区自组织能力，要将目前社区的各类创建、考核目标，如"综合减灾示范社区""平安社区""安全社区"和基层公共卫生核心能力建设统筹到一起，整合多方力量，建立综合性发展社区，将防灾减灾应急管理融入综合社区发展，统一安排部署、统一行动，充分利用各种救灾资源，形成"大综合"的社区防灾减灾格局；要借鉴街道城市管理工作先进经验，通过广泛征求辖区单位、商家店铺、院落群众意见，通过各街巷和居民院落形成一种非官方"协议"——防灾减灾"公约"。通过这样一个"公约"，明确辖区单位、商家店铺、院落群众的应急责任，提高社区居民防灾减灾应急管理知识水平，改善居民家庭应急救灾物资准备现状，提高应急救灾意识，增强自救互救能力；要完善社区便民服务站，将其与社区城管服务站有机结合，使其承担政府的各项公共职能，将其延伸至社区最深处，让社区居委会充分拥有自组织能力。

三、营造防灾减灾文化氛围，提升应急救灾能力

文化作为一种精神力量，能够在社区居民生活中转化为物质能量并产生深远影响，促进居民全面发展。防灾减灾应急文化的建设，能够提高社区居民学习应急知识的积极性，提升居民自救互救能力。因此，加强防灾减灾应急文化建设和宣传教育，营造良好氛围，树立积极主动的应急救灾理念，可以增强居民自救互救能力，是提升社区应急管理自组织能力的重要途径。

1. 树立积极主动的防灾减灾理念

目前，我国政府已成为"全能政府"，大包大揽的思维根深蒂固。显然，这并不符合目前社会发展的需要，也不符合防灾减灾应急管理的要求。然而，民众由于长期依赖政府，缺乏自组织理念和能力，在突发事件发生时，缺乏有效应对能力。同时，政府防灾减灾应急管理的理念偏重于灾后抢险应对，忽视监测和预警，侧重于突发灾害事件发生后的应急处置。因此，加强社区防灾减灾应急管理建设，要摒弃这种消极被

---

① 成都市发布《自然灾害救助物资储备规划（2016—2020）》[EB/OL].[2016-12].http://www.scmz.gov.cn/InfoDetail.asp? ID=18063.

动的管理理念，树立起积极主动的抢险救灾理念，注重公民的自主防灾减灾意识的培养，将重点放在防灾减灾的预防准备阶段。要将防灾减灾应急管理工作纳入政府全年目标考核，作为领导干部晋升考核的重要指标之一，真正营造良好的防灾减灾应急管理工作氛围；要通过引导、教育和宣传并长期坚持，转变居民被动救灾的习惯和理念，提升防灾减灾应急管理意识主动作为。

2. 营造社区应急救灾文化氛围

要让居民清楚地认识到社区安全的重要性，认识到每个居民都有责任和义务参与社区的防灾减灾工作，切实提高其避险救灾技能和自救互救能力；要加强居民之间的交往，强化社区大家庭的概念，让居民能够互帮互助，提高灾害发生后的互救能力。社区要开展各种活动来加强社区居民的沟通交往，增强居民间的了解和信任，倡导共建一个大家庭，使每个社区居民将防灾减灾、自救互救内化为保护自己、保护家庭、保护社区的责任和义务。

3. 加强社区防灾减灾宣传教育

社区要组织或委托专业单位对社区管理人员和居民进行避险自救技能培训；要加强与辖区内其他单位的合作，共同开展形式多样的防灾减灾应急宣传教育活动，为居民提供安全防范、危机自救等应急知识的宣传教育，使居民掌握自救互救技能；要设置应急宣传教育专栏，制作印发社区应急避险自救互救手册，运用市民喜闻乐见的方式，利用广播、电视、报刊、微信、微博、短信、网络等媒介，向辖区群众普及防灾减灾应急知识；要邀请上级应急委员会成员单位到辖区开展防灾减灾应急知识宣传培训，提高社区管理人员和居民的专业知识；要着力提升辖区内企业、学校对突发事件的综合应对能力，加大对他们的宣传力度；要将宣传教育与社区其他工作有机结合，努力构建大综合社区。

4. 强化应急预案管理

一是要建立机制，完善应急预案管理工作。要建立应急协调机制，在区应急委统一部署下，统筹区级各部门力量，协调联动各社区，重点解决跨部门、跨辖区联动处置灾害突发事件的问题；要建立重大灾害突发事件的联动更新机制，当全国各地社区发生重大突发事件时，应及时分析该事件是否有在本社区发生的可能性，联动更新应急预案，及时对该类突发事件制定相应的具体应对措施。

二是要明确社区各类应急预案定位。首先，要充分重视防灾减灾应急预案建设工作，消除应付上级的思想，将突发事件发生前应急预案的准备工作提升到一个新高度；其次，要将社区实际情况摸清，识别能够识别的风险点和风险源，有针对性地编制和修改预案，尽可能回答在应急处置中可能遇到的情况和问题，并做好防范准备。

三是要借助力量，争取省区市应急管理领域专业能力强的专家到社区指导应急预案编制工作，邀请各区级部门到社区指导各对口专项预案编制工作，督促指导社区认真排查梳理辖区的风险点、危险源和安全隐患。社区要在充分排查和科学评估安全隐患、灾害风险的基础上，及时制订务实简洁、易懂实用、针对性操作性强的社区突发事件防灾减灾应急综合预案和专项预案，推动应急预案编制标准化、科学化、专业化，提升应急预案整体质量和实效性。

四是要加强应急演练，推动应急预案更新。做好应急演练能够在灾害突发事件发生时有效减少损失，能够检验预案、完善准备、锻炼队伍、磨合机制、强化科普宣教。社区要推进防灾减灾应急演练常态化建设，日常应急演练要吸收辖区学校、企事业单位参加，经常性地组织社区居民实地演练。要做好防灾减灾应急演练准备，完善组织准备和计划准备，制定周密的演练计划，设计演练方案，落实分工、责任到人，向参与演练的社区居民详细介绍防灾减灾应急预案以及如何疏散撤离、如何开展自救等知识。应急演练后，要进行认真评估，分析不足，提出改进措施，总结经验并及时修订完善应急预案。

四、保障救灾物资和经费

长期以来，社区防灾减灾应急管理工作都存在严重的经费不足、物资得不到保障的情况。在社区防灾减灾应急管理中，由于缺乏救灾专项经费、政府支持力度有限，一些防灾减灾工作无法保质保量开展和实施。为了解决这一难题，必须建立起多元化的应急保障机制。

早在 2006 年，国务院就出台了《关于全面加强应急管理工作的意见》，明确要求要加大应急管理的资金投入力度。2016 年 12 月，成都市印发《成都市自然灾害救助物资储备规划（2016—2020）》，指出在"十三五"期间自然灾害救助物资储备管理的规划目标、主要任务和保障措施，明确提出要全方位提升救灾物资储备集散能力和管理水平，到2020 年建设完成市区两级救灾物资集散中心，建成救灾物资集散体系；要建立规模适度、科学合理、错位储备的分级储备体系，采取仓库和委托商家储存两种储存方式，并借鉴目前飞速发展的物流产业，完善针对社区的物资配送机制①。

保障社区防灾减灾应急管理资金应做到：一是要更加重视防灾减灾

---

① 李立国. 在推进社区治理中维护基层社会和谐稳定［EB/OL］.［2014-01］. http://news.hexun.com/2014-01-03/161126400.html.

应急管理工作，提高应急管理工作年度经费预算。街道社区也要积极向上级呼吁，寻求财政支持。二是要制订应急救灾物资的储备计划，建立应急救灾物资储备点，采取定点采购或与超市、卖场签订协议等形式，充实、储备必要的应急管理物资。同时，社区要加强宣传，倡导社区居民配备家庭应急简易器材。三是要建立多元化的应急物资保障机制。在辖区内建立应急物资社会捐助点，积极争取辖区内企事业单位、社会组织的支持捐赠；同时，可以探索在街道的支持下，依托区级成熟的基金会，在其下成立社区防灾减灾应急管理专项基金，接受社会公开捐助并受基金会监管。四是要推进社区应急避难场所建设。首先，充分利用有限的街头绿地、街头广场、辖区学校资源，设立避难场所。其次，积极向上级部门争取资金支持，在成都市鼓励建设避难场所的大政策下，推进社区应急避难场所建设，覆盖本社区全部人口。最后，在社区显著位置设立应急逃生的标示标牌，在居民院落张贴疏散图、紧急求助电话，在易淹、易起火等风险点位张贴警示标志。

五、加强应急响应救援队伍建设

我国应急救援队伍大致分为三类：一是武装力量，主要处置重大突发事件；二是专业队伍，如矿山救援队伍、核事故救援队伍，这类队伍一般专业性很强；三是非专业应急救援队伍。显然，这里所要探讨的是指第三类非专业应急救援队伍建设。

1. 综合应急救援队伍建设

要借助社区拥有的优势力量，建立一支社区基层综合性应急响应队伍。目前，锦江区各街道已实现区域管理网格化，将街道城市管理队员划入网格，并配备工作用通信和摄像器材；逐步形成了服务站长、网格员、居民小组长和楼栋长四级网格。要充分利用现有资源，将社区防灾减灾应急管理工作纳入网格工作，并整合网格员、社区工作人员、综治队员和城管队员，构建一支综合性应急响应抢险救灾队伍，随时掌握辖区内各个风险点位的情况，在处置城市内涝、地质灾害等自然灾害时发挥就近的先天优势，迅速开展先期处置，开展自救互救。

2. 志愿者应急救援队伍建设

社区志愿者应急抢险救援队伍来自社区，对社区的道路交通、居住小区等情况掌握得非常清楚，能够协助专业救援队伍更好地开展社区应急抢险救灾。要积极鼓励引导社区内的各类志愿者组织参与社区防灾减灾应急管理，加大宣传力度，规范社区志愿者产生机制；要明确志愿者应急抢险救援队伍的权利义务，健全队伍的组织机构；区级部门要加强对社区志愿者应急抢险救灾队伍建设的指导和培训，督促社区做好防灾减灾应急志愿者招募注册登记工作，建立人员信息数据库；要建立社区志愿者激励机制，将物质激励和精神激励相结合，对社区应急志愿者给予一定的物质和精神激励。

3. 医疗救援应急队伍建设

依托社区卫生公共服务中心医疗队伍和辖区内企事业单位内医疗队伍，组建一支能够及时处置辖区内人员伤亡的医疗救援应急志愿者队伍，充分发挥应急防控作用。队员应掌握一定的医疗知识，能够在卫生应急、医疗救助中发挥第一响应人的作用，填补救援空白，为抢救生命赢得时间。

4. 专家应急救援队伍建设

由区政府牵头，建立一支文化水平高、应急能力强的专家应急救援队伍。队伍中汇集各行业、各领域具备一定专业技术水平的专家人才，作为各类灾害事故处置的参谋和技术支撑；同时，他们也能够为街道、社区一级提供指导，并深入基层一线宣讲应急知识，真正营造良好的防灾减灾应急处置文化氛围。

社区应急响应队伍组成示意图如图4.5所示。

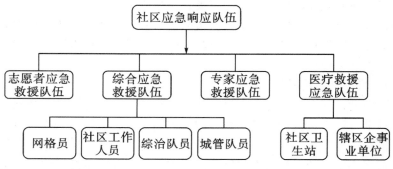

图4.5 社区应急响应队伍组成示意图

第五章　成都市三元社区
防灾减灾自组织能力建设实践

第一节　成都市三元社区基本情况

成都市高新区石羊街道三元社区是成都市应急管理能力建设示范社区。与其他社区相比，三元社区在防灾减灾自组织能力建设方面具有一定特色和代表性。

一、成都市三元社区发展概况

成都市高新区石羊街道三元社区位于石羊客运中心站以南、成雅高速路以西、大件路以东，与三元村村委会接壤。社区修建于 2005 年6 月，2006 年 3 月交房入住。社区占地面积 12 万平方米，建筑面积20.6 万平方米。辖区居民为原石羊（丰收、仁和、三元、石桥、花荫、灯塔、裕民、清和）和桂溪（石墙、双土、五岔子、民乐、建设、铜牌、勤俭）两个街道办事处共 15 个行政村组成。社区先后获得"省级绿色社区"、首批"成都市文明院落""市司法调解工作先进单位""高新区文明社区"等称号。2008 年社区的威风锣鼓队参加了奥运火炬传递成都站启动仪式，社区艺术团多次代表市、区、街道参加大型文艺演出，并赢得了多项荣誉。

三元社区是石羊街道 9 个社区之一，由 4 个农民回迁院落和机场路沿线 4S 店组成，社区共有居民楼 54 栋，166 个单元。截至 2017 年年底，社区总户数 3 074 户，其中常住 1 471 户，暂住 1 603 户。总人口13 332 人，其中常住人口 4 349 人，暂住人口 8 983 人，包含企业 3 687家，商铺 132 家。社区配套服务设施齐备，有社区综合服务站、警务室、人民调解室、多功能活动室、市民学校、老年活动中心等，建有健身长廊、和谐广场、停车场等。

社区成立以来，在街道党工委办事处的指导下，建立健全了各项规章制度，不断改进和加强社区管理服务工作。按照"3+N"的模式，在社区党组织、居民议事会、居民委员会的基础上，成立了纪检小组、院委会、监事会、老年协会、文体协会、太极拳协会等组织，优化了党组织设置，党总支下设社区办公室支部、老年协会支部和3个院落支部，进一步完善了基层组织构架，并先后组建了社区"110""119"急救队、"和谐之声"广播站、威风锣鼓队、艺术团。目前，社区有党员171名，院委会委员、楼栋长、监事会成员、老年志愿者、文体骨干等各类社群骨干200余人。

成都市应急办在深入实施中欧合作项目过程中，将社区应急管理能力建设作为民生工程大力推动。三元社区以平台建设作为社区应急管理建设的抓手，整体推进"自救互救为主、公救为辅、全民参与"的基层防灾减灾应急管理工作，极大地提升了社区应急的系统化、信息化、规范化建设。2016年，三元社区获得了"优秀志愿服务项目""为老服务养老帮扶工作先进集体"等多项荣誉，工作事迹也被《人民日报》《光明日报》、成都电视台广泛报道[①]。

二、成都市三元社区防灾减灾自组织能力建设现状

课题组通过查阅社区资料、进行实地考察，对三元社区在防灾减灾应急管理能力建设方面的实际情况进行深入分析，发现其应急管理工作定位准确、着眼需求，立足自身、因地制宜。课题组一一对照社区防灾减灾应急管理能力要素内容，研究三元社区的防灾减灾应急能力建设现状。

1. 应急认知能力建设现状

三元社区开展了多种形式的应急宣传和培训，如消防安全知识讲座、"安全生产月"宣传活动、"防灾减灾日"宣传活动、救援培训课程（与红十字会合作开展）。为了加强社区居民的消防意识，真正把"预防为主，消防结合"的方针落到实处，社区每季度开展一次应急消防演练，组织开展应急逃生、消防器材使用等消防安全演练及培训，提高居民在灾害突发事件发生后的快速反应能力、自我防护能力和逃生能力。利用党员大会、居民代表大会、宣传栏，社区广播、横幅、宣传手册等多种手段，全方位宣传应急知识。组织网格员、志愿者在日常网格巡查时有针对性地对社区老年人、残疾人、弱势群体进行一对一、一帮一的地震、火灾浓烟逃生等宣传。开展"430课堂"，利用社会组织对幼儿、小学生及家长进行应急安全教育，强化应急知识。同时，社区还

---

① 相关情况为课题组通过多次走访成都市高新区石羊街道三元社区调研所得。

定期开展各种应急培训及技能实训，不断提高社区居民的防灾减灾应急管理能力。社区每年多批次邀请消防队员、医生、社会组织对社区干部、网格员、志愿者等开展专业培训。社区干部、网格员、志愿者等共获得了 74 个各类应急专业培训证书。

三元社区多措并举，形成了一套常态化的应急宣传培训机制。三元社区的自救互救知识技能的培训主要针对社区工作人员、网格员、志愿者等开展社区工作的主体人员。这部分人员不足社区总人数的 1%，当突发事件发生时，他们发挥的作用主要是引导人群安全撤离。

2. 应急保障能力建设现状

在体制方面，三元社区建立了一套防灾减灾应急组织体系，明确应急管理责任人、相应工作人员。三元社区把防灾减灾应急管理工作纳入社区自治治理和社区公共服务。首先从体制上确保应急工作的顺利展开。三元社区书记、党委书记作为防灾减灾应急领导的第一责任人，对应急管理工作"亲自抓、带头抓"，负责社区应急管理各个环节的工作。街道招聘的巡逻队员作为应急响应队伍的主要力量负责日常巡查，同时把网格员纳入防灾减灾应急组织体系，这是将目前应急管理体制向下延伸。三元社区划分了五个网格，分别是由辖区企业组成的第一网格、148 号院落组成的第二网格、181 号院落组成的第三网格、115 号院落组成的第四网格、36 号院落组成的第五网格。每个网格作为责任主体，在社区的统一领导下从事应急工作。同时，由两名社区工作人员组成一级网格员，楼栋长、院落委员会成员、院落门卫组成二级网格员，巡逻队员和"红袖套"志愿者组成三级网格员，形成了三级网格员队伍。按照"网中有格、格中有人、人在格上、事在格中"的网格管理机制，组建了"三级"网格服务管理梯队。其中一级网格员 10 人，二级 44 人，三级"81+N"人（"N"为志愿者人数）。三元社区通过一级网格员、二级网格员、三级网格员，层层深入社区、企业单位、院落、居民，推进社区应急救灾的各项工作，延伸社区应急管理的链条，下移社区应急管理的重心。网格化管理与科层制相比，打破了传统部门的条块分割，管理更加精细化，各个组织间的目标和功能更加优化，部门之间合作加强，为简化社区防灾减灾应急管理流程提供了空间。三元社区充分利用现有的人力资源，减少了社区应急管理体制投入，降低了社区总体成本，有效整合了社区内的资源体系，提升了社区应急准备能力。

在机制方面，三元社区制定了一套完善的防灾减灾应急管理制度。建立了应急避难场所管理制度、应急管理工作例会制度、风险数据库管理制度、网格业绩综合考评机制、网格员线上联络机制、社区与网格员资源共享机制、后台数据的管理机制、社区援助网格机制、社会资源辅助网格机制、红袖套管理机制、警务互动机制、网格员在线培训等工作机制，制定了《网格员管理办法》《"三驾马车"协助网格员开展网格工作规则》《网格助手 App 使用管理办法》《红袖套管理办法》《网格员从事非警务事件工作规则》《社区平台管理办法》《社区法律服务进网格管理办法》《网格工作考核管理办法》《社区综治工作奖励办法》《平台接入院落视频管理办法》等一系列管理制度。社区建立了应急值班室，将院落监控系统、综治巡逻指挥平台和应急管理平台全部汇聚其中。专人 24 小时值班、节假日领导带班、值班值守和交接班记录等制度完整，全部张贴上墙。建立了防灾减灾应急信息员制度，应急信息员由社区网格管理员、重点单位联络人、楼栋长担任，制定了应急信息员管理办法；将社区防灾减灾应急信息员队伍纳入应急信息员网络，有针对性地报送方案。制定了脆弱群体帮扶制度，建立老、幼、病、残等脆弱群体数据库；建立了帮扶和定期探访机制。

在应急救灾物资方面，三元社区建立了一个有力的救灾物资保障体系，主要通过社区内的应急物资进行实物储备，并与社区内企业商家达成储备协议。小区内建有应急救灾物资的储备仓库，在社区办公大楼、院落建立了两个实物储备点，在每栋每单元均设置两套灭火器供应急使用。社区配有消防摩托车、发电机、破拆器械等。此外还配有微型消防车。该微型消防车设备种类齐全、功能完善，整车配有大容量水箱、消防水带、干粉灭火器等设备，可用于社区小型火灾的前期处置，为专业消防人员的到来争取宝贵时间，保障社区内的人身安全和财产安全。三元社区的救灾物资储备有：消防防护服 4 套、灭火器 388 支、手持对讲机 28 台、巡逻电筒 50 个、抽水泵 3 台。三元社区与社区内的红旗超市签订了应急救灾物资采购储备协议，在突发事件发生的时候，优先保证社区供应。在医疗救助方面，除了临近的石羊卫生服务中心外，还与社区内医疗药品店签订了药品应急采购协议，保证突发事件发生时药品的及时供应。利用社区内汽车企业多的优势，与辖区汽车 4S 店达成应急合作协议，紧急情况下 4S 店可提供应急抢险车辆。社区每年购买应急包向积极参与演练的群众发放，提高居民的家庭应急物资储备。社区制定了应急物资管理制度。管理员列出社区防灾减灾应急物资的名称、数量等明细，对应急救援装备如消防摩托车、抽水泵、发电机、破拆器械、防护服等救援工具和队员基本装备进行登记造册，指定专人看管。

社区建成了适用的应急避难场所。三元社区因地制宜，与周边学校、公园结成了互助共建，明确了美洲极限公园、新源学校、国防乐园 3 处应急避难场所，满足了社区居民应急避险需求，确保社区居民得到基本安全保障。应急避难场所在手机 App 上呈现，方便网格员向群众开展解释和引导，提高了社区居民的应急疏散能力。

3. 信息处理能力建设现状

三元社区因地制宜建设了社区防灾减灾应急管理平台，结合社区治理信息化平台，统筹集成汇总社区内各类信息，并接入上一级应急管理平台。社区防灾减灾应急管理平台支撑社区工作人员开展综合信息工作，实现了值班值守记录、信息报送，具有突发事件发生时的应急响应和指挥调度能力；实现了社区人员、房屋情况、基础设施、风险隐患、监控视频等社区信息资源的汇聚管理和对灾害事件任务全程跟踪等功能。所有社区工作人员采集的数据和工作痕迹全部录入系统，为社区的管理服务提供基础保障。社区应急管理平台在日常运行中形成大数据，街道办事处将社区的数据进行分类归档，建立大数据库，统筹运用网格采集的基础信息和院落视频、小区门禁、车辆信息等数据，为突发事件的形势研判和决策提供数据支持。

同时，在社区内配合"网格助手"App，形成线上、线下互动。应急管理平台从纠纷调处、重点帮扶、应急安全、社情民意、政策宣传、办事指南、事件上报、政策宣传、任务管理九大方面入手，成为网格员开展应急管理工作的重要工具。三元社区一直将基层防灾减灾应急管理能力作为一项重要工作来抓，将应急处置预案、应急物资、应急队伍成员和21项便民服务项目等放置在"网格助手"App 中，让网格员随时可以共享社区服务资源，无论是事件应急，还是居民个体需求应急，都能找到相对应的数据作为支撑，实现了网格员"进得到门、认得到人、说得上话、办得成事"。

三元社区"网格助手"App 内设有防灾减灾应急培训课程，网格员可以利用碎片化的时间随时随地学习。社区应急工作不需要一对一的口述传播，通过"网格助手"App 就能便捷、高效地学习。即使碰到网格员调离本岗位，也不会发生因人员交替而造成防灾减灾应急工作无法顺利展开的情况。应急培训包括社区安全小知识、紧急逃生知识、心肺复苏应急课程、触电事故应急救援培训、"地震灾害救援32小时"应急培训、社区应急响应队培训课程等。

为确保全天24小时信息报送和接收，三元社区成立应急值班室，制定应急值守制度，由社区书记作为第一责任人。一级网格员通过"网格助手"App 上报的灾害应急信息以及巡逻队、院委会、群众等报告的信息全部在应急值班室综合处理、统筹调度。通过 App 在第一时间收集信息，进行数据分析和研判，及时处理。

4. 监测预警能力建设现状

制定隐患排查制度，把风险遏制在源头，有利于风险治理理念的形成。如今，风险治理理念已经是提升应急管理能力的重要内容。三元社区设有风险台账，内容包括上级下发的应急文件、行政执法文件、日常监管记录、隐患排查表，督促社区安全问题的整改落实。对于重大危险源管理和隐患排查，采取专业部门或专业机构的专业指导与社区自查自排相结合的方式。三元社区每年邀请各专业职能部门和专业机构进行风险源辨识和隐患排查工作，并对结果进行汇总整理。三元社区工作人员采取集体讨论、现场走访、居民调查、居民举报等方式协助消防、社区民警等进行排查工作。对危险源进行分类整理，配合社区内的相关单位，做好风险分析和评估。明确风险源的责任主体、隐患地点、隐患情况，制定防范及整改措施，并明确可控风险源的整改检查时间和整改完成时间，最后进行验收，由负责人签字。

针对三元社区内的三个风险点：雪花啤酒（成都）有限公司液氨存储点、百江西南成都燃气有限公司危化品仓库、成都特种设备检查站，社区专门全部建立了信息档案，由网格员具体负责动态监管。所有防灾减灾应急工作情况全部在社区管理网格平台上留下工作痕迹。社区可以利用平台采取广播、短信、微信等方式向群众发布应急响应预警信息。

在应急预案建设方面，三元社区根据成都市石羊街道的要求，结合社区的具体情况，针对自然灾害、事故灾难、公共卫生、社会安全四类事件制定相应的应急预案，分别是《社区自然灾害应急预案》《三元社区安全生产事故灾难救援和处置应急预案》《三元社区食品安全突发事件应急救援和处置预案》《三元社区消防安全突发事件应急救援处置预案》《三元社区维护辖区社会稳定工作预案》《三元社区防邪工作应急预案》六项预案。应急预案内容包括目的、原则、应急组织机构、应急准备、应急救援处置、灾后恢复等方面，按照防灾减灾应急管理流程进行编写。

社区地震的监测预警是通过与成都高新减灾研究所合作，在社区内安装地震监测台站和预警信息发布平台实现。该监测台站全国共有5 600余个，由减灾所与各地市县防震减灾部门联合建成，覆盖220万平方千米，与大陆地震预警网互联互通。该预警系统经过了上万次实际地震的公开检验，对有破坏性的地震成功地连续预警了39次，包括四川芦山7.0级地震、四川九寨沟7.0级地震等，并取得了减灾效果。三元社区的监测仪预警标准设定为地震震级4度、地震烈度2度，在地震的震级和烈度达到标准时，发出预警信息，提醒社区居民逃生。

5. 先期处置能力建设现状

三元社区的网格员置身社区居民之中，熟悉社区内的风险源，他们地熟、人熟、情况熟，对居民所想、所盼、所求了如指掌。一旦社区发生突发事件，一级网格员就能依据平时的工作部署和应急预案，迅速进行风险评估，上报社区党委书记，进行应急决策指挥，组织网格内的防灾减灾应急力量，协调联动社区内的企业、居民、社会组织成员以及消防、公安、医院等部门，按照应急预案开展灾害先期处置。

6. 应急响应能力建设现状

三元社区打造了一支防灾减灾应急响应队伍。社区成立了由工作人员、网格员、巡逻队员组成的 22 人防灾减灾应急响应队，辅以"红袖套"、志愿者等力量作为居民疏散的组织者和宣传者，还吸收了雪花啤酒（成都）有限公司、成都特种设备检查站的专业工程师等参与应急响应。社区于 2017 年组织了两次防灾减灾应急响应队培训和四次消防应急演练。

三元社区建设了一套清晰完整的应急标识标牌辨别系统。在院落、楼栋、路口等公共场所设立了应急逃生疏散标识标牌；在应急消防通道上设立地杆以防止私家车辆占用，并指定网格员对其进行管理和维护，确保应急消防通道的畅通。"网格助手"App 中内置了网格疏散指南，标明了逃生路线、避难场所。

居民可以通过短信、微博、微信、社区广播等形式，及时接收社区发布的预警信息。第一时间获取预警信息，居民可以了解灾情、减少猜测、稳定情绪。居民在日常生活中需要保证接收预警信息的设备能够有效使用，同时需要提前关注三元社区的微博、微信的官方账号。

社区内广泛张贴有应急逃生路线图。在每个院落入口布告栏旁，均张贴有应急安全逃生指示图，在突发事件发生时，居民可以根据指示图上的指示线路和方向，快速及时地进行安全撤离。

7. 应急动员能力建设现状

要做好防灾减灾的应急动员，需要指挥协调统一社区内的防灾减灾工作，做好宣传，整合社区内各项资源，明确社区工作者、企业、居民、社会组织的责任。经常开展动员活动，动员社区工作人员对突发事件加强防范，利用消防演练、应急响应队培训等机会直接开展应急动员，形成社区内部良好的支持氛围。动员三元社区内的企业参与社区应急演练，可以在关键时刻发挥重要作用。动员社区内的居民参加社区防灾减灾应急工作，可以增强社区的凝聚力，塑造社区共同体意识。三元社区的防灾减灾应急资金由石羊街道支持，充分保证了应急工作的各项支出。但是目前暂时还没有资金直接来源于社会捐赠和基金支持。

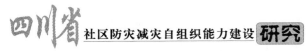

8. 恢复重建能力建设现状

三元社区自成立以来未发生重大突发事件，比较重大的事件有 2016 年 9 月 13 日的 148 号院落一户居民家中火灾、2017 年 3 月 20 日的新双立 4S 店旁三河村废品收购站大型火灾以及雪花啤酒厂的内涝。三元社区居委会都进行了先期处置，等待专业救援。事件结束后，因为损失较小，社区居委会主要对上报信息的网格员进行奖励，没有对突发事件的损失进行相应的评估，未筹集资金对受损企业和居民进行补偿救助。因为缺乏专业的心理辅导专家，社区没有对发生灾害的居民进行心理疏导。

三、成都市三元社区防灾减灾自组织能力建设的探索

显而易见，三元社区的防灾减灾自组织能力建设是对基层应急管理能力提升的一次全方位探索。三元社区的防灾减灾自组织能力建设作为社区社会治理能力建设的重要方面，做到了突出职能特色、共享基础资源、改进突出短板、提高精细水平，夯实了防灾减灾应急管理的基层基础工作。其应急保障能力、信息处理能力、监测预警能力、先期处置能力方面的创新探索之处值得肯定。

1. 应急保障能力的探索

在体制方面，三元社区建立了一套应急组织体系，明确应急管理责任人和相应工作人员。在机制方面，三元社区制定了一套完善的应急管理制度。在应急物资方面，三元社区建立了一个有力的物资保障体系，并因地制宜建成了社区适宜的应急避难场所。

特别是在体制方面，三元社区把应急管理与网格管理相结合，将网格员纳入防灾减灾应急管理体系。在三元社区构建的网格化体系中，网格成为承担处理灾害事件和化解矛盾的一级工作层级，网格在社区安全治理体系中的主体作用被强化了，避免了许多灾害风险和由民意纠纷引发的社会安全事件。

在网格内，三元社区的一级网格员依托"网格助手"App 对二、三级网格员进行管理，对楼栋长、院委会、议事会等基层组织的履职情况进行日常监督，调动各方力量参与社区突发事件处理，通过发现问题、化解矛盾形成任务导向的一级处理闭环。在社区内，依托管理网格平台调动整合劳动就业、社区医疗、"送法进社区"等资源，对网格无法处理而上报的问题进行处理，形成事件的二级处理闭环。以此类推，街道办事处通过协调公安派出所、司法所、劳动保障所以及派出法庭等资源，构建处理矛盾的三级闭环。网格三级闭环管理模式如图 5.1 所示。

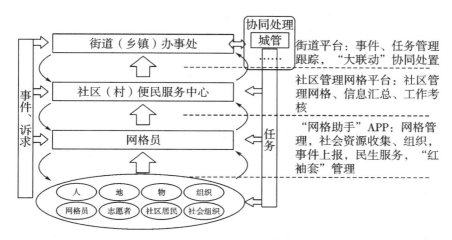

图 5.1 网格三级闭环管理模式

在三级处理闭环中，一级网格员处于贯通上下、联系左右的突出位置，对一级闭环处理的问题要负责录入系统，对二、三级闭环化解的矛盾要全程跟踪，并录入系统。一级网格员不仅要报送事件信息，还要跟踪整个事件。

2. 信息处理能力的探索

因地制宜建设社区应急管理平台，结合社区治理信息化平台，集成汇总社区内包括灾害风险等的各类信息，并接入上一级应急管理平台，同时配合"网格助手"App 形成线上线下互动。网格员通过"网格助手"App 可调动专业人员进社区，律师工作室、法官和检察官对口联系社区工作室等资源，参与具体的矛盾调处和化解工作，提升社区居民对服务资源、服务事项的获得感。例如，遇到群众看病就医的情况时，网格员可通过手机 App 预约社区卫生院挂号服务，密切与群众的联系，获得群众认可。"网格助手" App 内设有应急培训课程，居民可以利用碎片化时间学习。学习方式高效便捷，可形成固定培养模式，不会因人员岗位变动而影响防灾减灾应急工作。

3. 监测预警能力的探索

三元社区联合多方力量，排查社区风险点和风险源。对于重大风险源管理和隐患排查，借助专家智库力量，采取外请专家指导与社区自排查相结合的方式。三元社区每年邀请各专业职能部门和专业机构进行风险源辨识与隐患排查工作，并对结果进行汇总整理，开展整改。三元社区工作人员采取集体讨论、现场走访、居民调查、居民举报等方式，并且联合消防、社区民警等进行综合排查。

三元社区与专业机构合作，进行地震实时监测预警。与成都高新减灾研究所合作，在社区内安装地震监测台站。在地震的震级和烈度达到标准时，发出预警信息，提醒和引导居民逃生。同时，运用先进技术，借助现代化信息技术如 GIS 地理信息系统和可穿戴设备实时反馈"红袖套"志愿者的巡防轨迹，以便第一时间进行预警。

4. 先期处置能力的探索

在对灾害突发事件的处置中，社区迅速召集人员，能够提高事件的处置效率。三元社区"网格助手"App 设有独特的"一键召集"功能，其特点是在最短时间内发出通知召集人员。在手机 App 上输入突发事件的具体描述，根据防灾减灾应急响应的等级，勾选召集人员。操作人员只要按下召集按键，社区工作人员、网格员、志愿者都会在第一时间接收信息，免除分别发短信、打电话通知的时间，相关人员可以在接到信息后第一时间进行应急处置。依据街道制定的一级、二级、三级应急响应标准，分别召集 30%、50%、100%的工作人员进行应急救援。

第二节　成都市三元社区防灾减灾自组织能力评价

前面分析了三元社区各个防灾减灾自组织能力要素的具体建设情况，本小节通过构建指标体系，运用定量分析与定性分析相结合的方法，确定权重的大小，对防灾减灾自组织能力要素的具体建设情况进行科学合理的评价。

一、成都市三元社区防灾减灾自组织能力评价指标体系的构建

对社区防灾减灾自组织能力评价不论来自内部还是外部，其目的都是发现社区防灾减灾自组织能力的问题，推动社区持续改进其应急管理能力，满足提升社区防灾减灾自组织能力的需求。社区防灾减灾自组织能力主要通过社区在应急准备、应对处置和灾后恢复的指标来展现，社区防灾减灾自组织能力的主要要素也是社区应急管理能力建设的重要环节。

此前国内外诸多学者在社区防灾减灾自组织能力评价方面都建立了较为全面的评价指标体系，然而由于学者们研究的视角和侧重点的差异，部分指标与当前社区防灾减灾自组织能力建设的内容不相匹配。课题组分析各个防灾减灾自组织能力指标体系中的共有因素，如风险分析、组织机构、防灾减灾、法律法规、应急预案、指挥协调、信息通信、预警、处置、物资准备、培训演练、宣传教育、资金支持 13 个共同指标，根据社区具体情况，去除法律法规指标，从防灾减灾自组织能力主要构成要素的角度初步筛选社区应急管理能力的相关指标集，接着采用德尔

菲法对初步筛选的各个防灾减灾自组织能力要素的指标集做再次筛选，最后总结提出相对合理的社区防灾减灾自组织能力评价指标体系。

由于社区防灾减灾自组织能力涉及社区防灾减灾自组织全过程的各个环节，需从多角度进行综合评价。根据已有社区防灾减灾自组织能力指标的研究成果，在前面描述社区防灾减灾自组织能力 8 个要素作为一级指标的基础上，进一步筛选出 26 个防灾减灾自组织能力要素的二级指标（见表 5.1）。

表 5.1　城市社区防灾减灾自组织能力评价指标体系

一级指标	二级指标
应急认知能力（A）	社区开展应急宣传教育活动（A_1）
	居民掌握自救互救基本方法与技能（A_2）
	企业、社会组织参与社区应急建设工作（A_3）
应急保障能力（B）	健全的社区应急组织体系（B_1）
	完善的社区应急管理制度（B_2）
	应急物资储备（B_3）
	建立应急避难场所（B_4）
信息处理能力（C）	建设应急管理平台（C_1）
	应急信息员监测、收集舆情（C_2）
	大数据的分析与发布（C_3）
监测预警能力（D）	风险源排查（D_1）
	编制应急预案（D_2）
	预警发布（D_3）
先期处置能力（E）	风险快速评估（E_1）
	应急决策指挥（E_2）
	协调联动机制（E_3）
应急响应能力（F）	建设应急响应队（F_1）
	建立应急安全指示标识系统（F_2）
	畅通预警信息接收渠道（F_3）
	知晓应急疏散逃生路线（F_4）
应急动员能力（G）	政治动员（G_1）
	人力动员：建立社区、居民、企业、社会组织的信任关系（G_2）
	经济动员：建立和完善社区资源共享、成本分摊机制（G_3）
恢复重建能力（H）	灾害损失评估（H_1）
	恢复重建资金筹集（H_2）
	灾后心理危机干预（H_3）

本章主要研究社区防灾减灾自组织能力提升，根据研究内容，再次邀请防灾减灾应急管理领域的 3 位专家学者和社区长期从事防灾减灾应急管理工作的 3 位工作人员，先后 3 次向他们发放调查问卷。6 位被调查者之间没有相互沟通，每次发放调查问卷后回收汇总、参考分析结果，再重新设计调查问卷，并将分析结果反馈给专家。经过三轮调查问卷后（附录 5、附录 6、附录 7），最终形成了社区防灾减灾自组织能力评价的 26 个二级指标，构成社区应急管理能力建设指标体系。

二、成都市三元社区防灾减灾自组织能力评价分析及结论

在确定了评价指标的基础上，采用层次分析法确定指标的权重，根据权重大小判断出该指标在社区防灾减灾自组织能力中的重要程度。再运用问卷调查法，获取三元社区应急管理能力建设中不易获取的具体数据，运用层次分析法进行全面、客观的评价。

前面通过德尔菲法确定了三元社区防灾减灾自组织能力建设评价指标，再根据指标的权重，判断出该指标在社区防灾减灾能力中的重要程度。本章同样采用层次分析法来确定指标权重。

1. 指标权重的确定

首先，根据社区防灾减灾自组织能力评价指标构建重要性判断矩阵（一级指标两两比较形成判断矩阵、二级指标两两比较形成判断矩阵）。为使重要性判断矩阵更合理、科学，本书设计了专家打分表，由 3 名社区应急管理专家和 3 名社区应急管理工作人员进行打分，依据最大原则确定各个比较最终的重要程度（见表 5.2）。

表 5.2　社区防灾减灾应急管理自组织能力要素权重

社区应急能力	A	B	C	D	E	F	G	H	权重	一致性检验
A	1	1/2	3	4	3	5	6	7	0.260 2	
B	2	1	6	3	2	3	4	6	0.277 6	
C	1/3	1/6	1	2	1/3	1/2	3	3	0.080 5	$\lambda_{max} = 8.660\ 9$
D	1/4	1/3	1/2	1	1/2	3	4	4	0.097 8	$CI = 0.094\ 4$
E	1/3	1/2	3	2	1	3	4	5	0.147 4	
F	1/5	1/3	2	1/3	1/3	1	2	2	0.068 4	$CR = 0.067\ 0 < 0.1$
G	1/6	1/4	1/3	1/4	1/3	1/2	1	2	0.039 7	
H	1/7	1/6	1/3	1/4	1/5	1/2	1/2	1	0.028 5	

其次，依次计算社区防灾减灾自组织能力各层次的权重值，即按照判断矩阵，计算出特征向量与最大特征值，并且根据一致性检验步骤再进行一致性检验，通过后即可得出每一层次 A、B、C、D、E、F、G、H 的组织能力要素权重值（如表5.3~表5.10所示）。

表5.3 应急认知能力（A）的权重表

A	A_1	A_2	A_3	权重	一致性检验
A_1	1	1/3	2	0.249 3	$\lambda_{\max} = 3.053\ 6$
A_2	3	1	3	0.593 6	$CI = 0.026\ 8$
A_3	1/2	1/3	1	0.157 1	$CR = 0.051\ 6 < 0.1$

表5.4 应急保障能力（B）的权重表

B	B_1	B_2	B_3	B_4	权重	一致性检验
B_1	1	1	2	2	0.330 0	$\lambda_{\max} = 4.060\ 6$
B_2	1	1	2	2	0.330 0	$CI = 0.020\ 2$
B_3	1/2	1/2	1	2	0.199 6	$CR = 0.222\ 7 < 0.1$
B_4	1/2	1/2	1/2	1	0.140 4	

表5.5 信息处理能力（C）的权重表

C	C_1	C_2	C_3	权重	一致性检验
C_1	1	3	2	0.549 9	$\lambda_{\max} = 3.018\ 3$
C_2	1/3	1	1	0.209 8	$CI = 0.009\ 2$
C_3	1/2	1	1	0.240 2	$CR = 0.176 < 0.1$

表5.6 监测预警能力（D）的权重表

D	D_1	D_2	D_3	权重	一致性检验
D_1	1	2	3	0.539 6	$\lambda_{\max} = 3.009\ 2$
D_2	1/2	1	2	0.297 0	$CI = 0.046$
D_3	1/3	1/2	1	0.163 4	$CR = 0.008\ 8 < 0.1$

表 5.7 先期处置能力（E）的权重表

E	E_1	E_2	E_3	权重	一致性检验
E_1	1	1/3	1/2	0.163 4	$\lambda_{max} = 3.009\ 2$
E_2	3	1	2	0.539 6	$CI = 0.046$
E_3	2	1/2	1	0.297 0	$CR = 0.008\ 8 < 0.1$

表 5.8 应急响应能力（F）的权重表

F	F_1	F_2	F_3	F_4	权重	一致性检验
F_1	1	4	3	2	0.480 4	
F_2	1/4	1	1/2	1/2	0.107 9	$\lambda_{max} = 4.020\ 6$
F_3	1/3	2	1	1	0.195 9	$CI = 0.006\ 9$
F_4	1/2	2	1	1	0.215 8	$CR = 0.007\ 7 < 0.1$

表 5.9 应急动员能力（G）的权重表

G	G_1	G_2	G_3	权重	一致性检验
G_1	1	1	2	0.400 0	$\lambda_{max} = 3.000\ 0$
G_2	1	1	2	0.400 0	$CI = 0.000\ 0$
G_3	1/2	1/2	1	0.200 0	$CR = 0 < 0.1$

表 5.10 恢复重建能力（H）的权重表

H	H_1	H_2	H_3	权重	一致性检验
H_1	1	1/2	2	0.310 8	$\lambda_{max} = 3.053\ 6$
H_2	2	1	2	0.493 4	$CI = 0.026\ 8$
H_3	1/2	1/2	1	0.195 8	$CR = 0.051\ 6 < 0.1$

最后，汇总 A、B、C、D、E、F、G、H 每一层次的具体指标对总目标的权重，形成权重汇总表（见表 5.11）。

表 5.11 社区防灾减灾应急管理自组织能力要素权重汇总表

	A	B	C	D	E	F	G	H	权重
	0.260 2	0.277 6	0.080 5	0.097 8	0.147 4	0.068 4	0.039 7	0.028 5	
A_1	0.249 3								0.064 9
A_2	0.593 6								0.154 5

表5.11（续）

	A	B	C	D	E	F	G	H	权重
	0.260 2	0.277 6	0.080 5	0.097 8	0.147 4	0.068 4	0.039 7	0.028 5	
A_3	0.157 1								0.040 9
B_1		0.33							0.091 6
B_2		0.33							0.091 6
B_3		0.199 6							0.055 4
B_4		0.140 4							0.039 0
C_1			0.549 9						0.044 3
C_2			0.209 8						0.016 9
C_3			0.240 2						0.019 3
D_1				0.539 6					0.052 8
D_2				0.297 0					0.029 0
D_3				0.163 4					0.016 0
E_1					0.163 4				0.024 1
E_2					0.539 6				0.079 5
E_3					0.297				0.043 8
F_1						0.480 4			0.032 9
F_2						0.107 9			0.007 4
F_3						0.195 9			0.013 4
F_4						0.215 8			0.014 8
G_1							0.400 0		0.015 9
G_2							0.400 0		0.015 9
G_3							0.200 0		0.007 9
H_1								0.310 8	0.008 9
H_2								0.493 4	0.014 1
H_3								0.195 8	0.005 6

2. 指标权重分析

从社区防灾减灾自组织能力要素权重表可以看出，按照防灾减灾自组织能力要素权重大小，各项能力的顺序为应急保障能力、应急认知能力、先期处置能力、监测预警能力、信息处理能力、应急动员能力、应急响应能力、恢复重建能力。社区的应急管理能力建设主要体现在应急准备和先期处置阶段。从社区防灾减灾自组织能力要素权重汇总表可以得出,权重大于0.04的有10项二级指标,按照权重大小依次为居民掌握自救互救基本方法与技能,健全的社区应急组织体系,完善的社区应急管理制度,应急决策指挥,社区开展应急宣传教育活动,应急物资储备,风险源排查,建设应急管理平台,协调联动机制,企业、社会组织参与社区应急建设工作。这10项二级指标对总目标的权重达70.03%,在社区防灾减灾自组织能力的建设中需重点关注和加强。

从一级指标来看,三元社区在防灾减灾自组织能力建设过程中注重了应急保障能力、应急认知能力、先期处置能力、监测预警能力、信息处理能力、应急响应能力的建设,忽视了应急动员能力和恢复重建能力的建设;并且应急保障能力、应急认知能力、应急响应能力建设也主要从社区居委会的角度出发,以政府为主导,忽视了居民、企业、社会组织的参与。从二级指标来看,权重最高的"居民掌握自救互救基本方法与技能"这一项,因为没有纳入街道对社区直接考核的行政目标,社区并未把这项工作真正落到实处。而对于二级指标权重排名的第二位至第九位的项目,三元社区在日常工作中坚持贯彻落实,切实提升了社区的防灾减灾应急管理能力水平。

3. 问卷调查分析

(1)调查问卷采集数据

以上通过层次分析法,主要分析得出三元社区在应急动员能力和恢复重建能力建设方面所存在的不足。下面主要根据社区应急管理能力要素的一级、二级指标权重,对权重较大且官方不易获得的一级指标和二级指标进行问卷调查,以便更加科学、全面地了解三元社区应急管理能力建设的具体情况,其中主要调查应急响应能力和应急认知能力方面的指标。采用分层随机抽样的方法,对三元社区内的5个网格行实地走访调研,发放问卷。课题组于2017年9月、10月、11月、12月期间多次走访三元社区,共发放问卷400份,回收378份;其中有效问卷份363份,有效率为91%,调查的对象主要有社区工作人员、社区内企业员工、居民以及部分志愿者。

(2)数据分析

从调查问卷的人员基本统计信息可看出,调查目标对象具有代表性。其中,调查对象为"18岁以下"的约占13.6%,调查对象年龄为"18~37岁"的约占20.5%,调查对象年龄为"58岁以上"的约占

23.2%，调查对象年龄为"38～58 岁"的比例最大，占总数的 42.7%。调查对象的教育水平普遍不高，"小学及以下"约占 17.9%，"初中"约占 23.5%，"高中/中专/高职"约占调查对象总数的 28.3%，"大专及本科"约占 21.2%，"硕士及以上"约占 7.1%。在家庭收入满意度方面，33.6%的调查对象对家庭收入满意，66.4%的人员不满意。调查对象中本地人居多，约占 78.3%。调查人员的人口比例、人口教育程度及家庭收入满意度方面体现出三元社区的拆迁安置回迁社区特征。

三元社区内的突发事件主要集中在事故灾难（火灾、高空坠物、水管爆裂、房屋破损、燃气泄漏等）上，占突发事件的 41.18%，其次是社会安全事件（盗抢事件、安全设施不齐全等），占比约 29.41%，公共卫生事件（环境卫生、宠物伤人、食物中毒等）排名第三，自然灾害（地震、洪水、地面积水）事件占比最小。因此，在三元社区的突发事件中，应该特别注意事故灾难类突发事件的防范，如火灾、燃气泄漏等。社区突发事件类型比例图如图 5.2 所示。

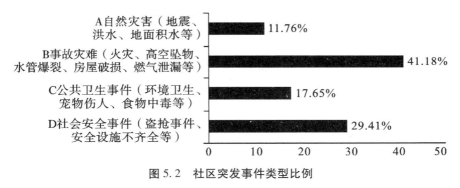

图 5.2　社区突发事件类型比例

三元社区在日常工作中组织应急知识培训，有 64.71%的居民知道社区组织的应急知识培训工作，23.53%的居民表示不清楚，11.76%的居民表示社区没有组织过应急知识培训。问卷调查表明，三元社区居委会在日常工作中重视应急管理工作，会组织应急培训。但是在进行防灾减灾、消防演练、急救知识培训的时候，没有做好充分的宣传工作（见图 5.3）。在知晓社区应急知识培训工作的居民中，只有 29.41%参加过"安全生产月""防灾减灾日"等活动。参加培训的居民人数占比较少（见图 5.4）。

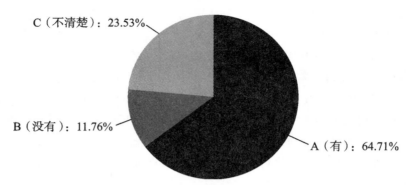

图 5.3　居民知晓社区应急宣传工作比例

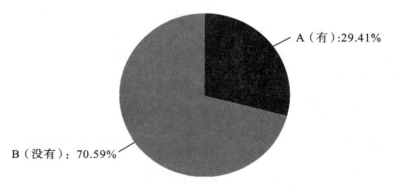

图 5.4　居民参与应急培训比例

在向调查者问及通过何种方式学习了解应急知识的时候，发现通过网络平台了解应急知识的最多，约占调查者人数的 34.45%，其次是通过广播电视宣传了解，占总调查对象人数的 29.19%，通过学校教育了解的占 15.57%，通过社区宣传了解的只占 11.78%，通过其他宣传方式了解的占 9.01%。由于信息技术的发展、网络技术的普及，网络宣传教育已经超过了电视广播，占据应急知识宣传的第一位。由于现代快节奏的生活方式，人们很少有时间留意社区内传统的悬挂横幅、张贴海报形式的宣传，导致社区宣传效果的占比较低。

尽管三元社区每个季度都会进行应急逃生演练，但是由于参与的人数少，居民自身知晓本社区内的应急逃生疏散路线图就显得十分重要。然而事实上，张贴在每个院落布告栏旁的应急逃生疏散图并没有引起居民的重视。只有 5.11% 的居民表示仔细看过，53.72% 居民表示知道有逃生路线，但不会认真去看，有 41.17% 的居民完全不知道有应急逃生路线图。只有 39.18% 的居民知道社区里有应急避难场所，52.94% 的居民表示不清楚是否有应急避难场所，7.88%的群众表示社区内没有应急避难场所。绝大多数社区居民不清楚逃生路线，大多数人不知道应急避难场所。当突发事件发生时，居民不能在第一时间内进行应急响应。

居民极少开展自救互救，应急认知能力薄弱。突发事件来临时，居民主要采用报警求助、逃离现场的方式避险，只有少部分人能够协助应急人员处理突发事件（见图5.5）。只有5.88%的居民能够在突发事件发生时展开自救互救。

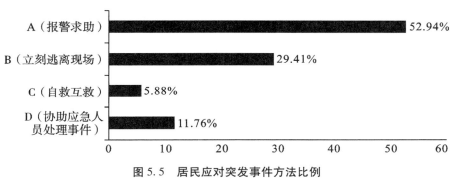

图5.5　居民应对突发事件方法比例

调查"社区内有没有企业参加应急工作，如培训演练和救援"时，23.53%的居民表示有企业参加，17.65%的居民表示企业没有参加，58.82%的居民表示不太清楚（见图5.6）。社区辖区内的企业如酒店、饭馆、店铺等小商家的私营老板，社区对其有影响力，他们积极响应社区的号召，参加应急培训。而第一网格范围内的大型企业如4S汽车企业、雪花啤酒厂等企业的法人代表，由于其工作事务繁忙，社区往往很难召集他们一起开展培训。这说明这类企业的经营管理人没有足够重视社区的应急管理工作，给社区应急管理工作增加了难度。因此，下一步只有借助消防部门的消防演练，深入企业宣传应急知识，弥补其不足。

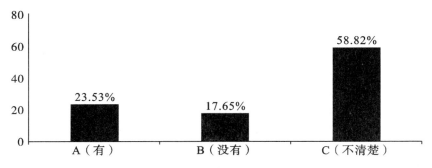

图5.6　居民知晓企业参与社区应急比例

在调研时问到社区内是否有社会组织参与社区应急管理工作这一问题时，76.47%的居民表示不清楚，17.65%的居民表示社区内没有社会组织参与社区应急管理工作，只有5.88%的居民表示社区内有社会组织参与社区应急管理工作（见图5.7）。现阶段参与三元社区服务的社会组织主要是成都市红十字会，一般开展"博爱送万家"之类的慰问活动，或者是救援知识的培训。社会组织的成立，需要获得民政部门和相关主管部门的共同批准，准入门槛较高。社会组织参与的社会服务需要层层审核，因而在三元社区参与社会服务的社会组织还仅仅局限于红十字会这类官方的社会组织，或者是由石羊街道承接的社会组织。例如石羊街道凌云社会组织服务中心承办的亲子关系和睦周末访谈室。社会组织参与社区自组织能力建设这条道路，在三元社区还处于探索阶段，社会组织和社区之间还没有形成良好的信任关系。

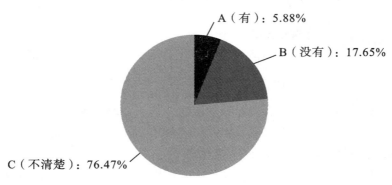

A（有）：5.88%

B（没有）：17.65%

C（不清楚）：76.47%

图5.7　居民知晓社会组织参与社区应急比例

在问到是否愿意与其他居民一起建立社区防灾减灾自组织小组、共同维护社区安全时，59.41%的居民表示愿意，27.06%的居民表示无所谓，13.53%的居民表示不愿意。超过半数的居民愿意建立社区防灾减灾自组织小组，共同治理社区安全。这说明三元社区作为农民回迁社区，有回迁之前共同生产生活的基础纽带，社区认同感强。三元社区作为回迁安置社区，与商品房为主的社区不同，是属于熟人社会的社区，邻里间彼此认识，在一起从事农业生产时就形成的集体认同感，在三元社区得以继承和发展。

通过调查问卷得知，在三元社区防灾减灾自组织能力建设方面，居民较少知晓应急逃生路线和应急避难场所，企业、社会组织参加应急演练较少，社区的应急响应能力较弱。虽然三元社区重视应急培训工作，但是培训宣传效果不理想，只有11.78%的居民通过社区宣传了解应急知识；突发事件来临时，只有极少部分居民能够通过自救互救避险，企业与社会组织、居民应急认知能力偏弱。

通过对三元社区防灾减灾自组织能力的指标权重确定和问卷调查分析可知，社区在防灾减灾自组织能力建设过程中积极探索，在应急保障能力、信息处理能力、监测预警能力、先期处置能力方面积累了丰富的实践经验；但是，在应急动员能力、应急响应能力、恢复重建能力和应急认知能力方面还有待进一步提升。

三、成都市三元社区防灾减灾自组织能力建设存在的问题

上面根据层次分析法和调查问卷数据的剖析，除了得出三元社区防灾减灾自组织能力建设方面存在的直接问题之外，结合社区自组织能力建设要素内容，我们还发现三元社区在应急动员能力、应急响应能力、恢复重建能力、应急认知能力的建设上存在诸多不足，具体表现如下：

1. 调动资源有限，应急动员不充分

社区的应急动员能力不足，应急动员对象主要是社区居委会的内部人员，如三元社区动员社区网格员监控风险源、动员志愿者汇报社区内发生的突发事件、动员社区工作者对发生火灾的家庭进行捐款等。此类动员的对象都是社区本身的资源，并不属于民间资源。归根到底这类动员是激发社区内部自身的潜力。另外，采用命令型的动员方式，社区居委会把居民、企业、社会组织看成被动员的对象，认为他们需要服从社区的统一调度和指挥，没有把居民、企业、社会组织当成社区防灾减灾自组织能力建设的共同参与者，甚至将其当成易引发公共安全事件的主体而加以限制。居民、企业、社会组织在参与社区防灾减灾工作过程中未得到平等的对待，彼此间未形成信任关系，其作用没有得到充分发挥。

三元社区应急动员能力不高的另一个原因是，在防灾减灾能力建设中，市场机制被完全忽视。社区应急动员旨在发动社区内各类人员和机构无偿、自愿地应对各类突发灾害事件，增强社区处置突发事件的能力。目前三元社区的应急动员方式从根本上排斥和抑制了市场机制。由于社区居委会受街道管辖，本质上带有官方性质，对市场提供的有偿应急服务不认同甚至排斥。

2. 轻视应急标识和疏散图，应急响应时间过长

在前面的调查问卷中提到，尽管社区进行了消防演练，张贴了应急标识标牌，绘制了应急逃生疏散路线图，设置了避难场所，但是居民参与消防演练的人数少，并且多数参与者都是老年人，年轻人很少参加。参与者主观上要么完全忽视应急逃生疏散图，要么就是不留意避难场所的位置，忽视张贴在社区各处的应急逃生标识；家庭也很少储备应急物

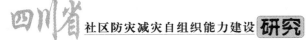

资包，导致在突发事件发生时，居民手忙脚乱，应急响应时间过长，无法在第一时间响应灾害预警信息，无法及时行动躲避灾难。灾害发生后，多数居民第一时间采取的行动或者是拨打救援电话原地等待，延误了最佳的逃生和抢险救灾时间，或者是四处逃离，较少在第一时间内开展自救互救。

3. 忽视灾损评估和资金筹集，灾后恢复重建能力弱

在三元社区历经的 148 号院落一户居民火灾、新双立 4S 店旁三河村废品收购站大型火灾以及雪花啤酒厂内涝等突发事件中，社区进行了先期处置，但未对居民、企业的损失情况进行评估。忽视灾害的损失评估，就无法获知灾害对居民、企业的影响程度，无法判断社区可以采用何种方式帮助居民、企业走出灾害困难，重新恢复生产生活。如果能够及时进行灾害损失评估，了解居民、企业的受灾程度，那么就可以筹资金，对居民进行有针对性的补贴，也可以帮助企业快速恢复生产。

4. 危机意识薄弱，对灾害风险认知能力较低

城市社区灾害风险包罗万象，决定了其评估会面临很多复杂的难题。在全面了解社区情况的基础上做好社区风险诊断和风险评估非常重要。风险评估的目的就是做好风险管理，风险管理是对风险的事前预测和控制，不仅要注意控制、消除已存在的风险，还要注意预防、减少新的风险出现。

社区防灾减灾工作的薄弱环节依然不少。许多地方防灾减灾工作还比较被动，尽管风险随时存在，但灾害发生的频率较低。对灾害普遍抱有侥幸心理，而侥幸心理导致人们不重视日常的风险防范。从三元社区来看，尽管社区进行了风险评估，但是居民参与风险辨识的比例较低。"社区拼命唱戏，居民不来听戏"，即使社区多次进行风险源隐患点排查、举办抢险救灾知识培训、组织消防演练，但是居民缺乏参与积极性和主动性，不主动学习基本的应急逃生知识、不主动参与社区的应急演练。在日常生活中，居民忽视社区内存在的风险点、风险源，不关注逃生疏散路线，很少留意避难场所，至多也只知道美洲极限公园、新源学校、国防乐园这三个避难场所中的一个或两个。往往在灾害发生时，居民寄希望于得到社区和他人的帮助，而不是迅速实施自救，危机意识不够，依赖心理较强。确信灾害不会发生的侥幸心理和希望获得帮助的依赖心理，抑制了居民主动学习应急抢险救灾知识和技能的积极性。由于三元社区自身的特点，农民搬迁入城市后，生产方式发生了转变，收入水平普遍较低，他们的绝大部分时间精力被投入提高收入的工作，无暇顾及发生概率较低的灾害突发事件。加上居民的文化教育水平普遍不高，对灾害风险的认知能力不足，使其缺乏掌握自救互救知识和技能的动力。

5. 其他存在的问题

三元社区制定有《社区自然灾害应急预案》《三元社区安全生产事故灾难救援和处置应急预案》《三元社区食品安全突发事件应急救援和处置预案》《三元社区消防安全突发事件应急救援处置预案》《三元社区维护辖区社会稳定工作预案》《三元社区防邪工作应急预案》六项预案。六项预案主要针对社区高发、频发的各类突发事件。但是三元社区的应急预案忽视了社区内发生频次最高的火灾，同时，也没有针对三元社区第一网格所在地的地势低洼特点，制定防止社区内涝的应急预案。当然由于突发事件种类繁多，预案不可能每个灾害都涵盖，所以应该制定三元社区的防灾减灾总体预案。

应急预案制订时没有按照预案编制的程序，要素内容不完整，缺乏针对性；预案内容缺乏细化，原则性太强，缺乏实际可操作性。应急预案制订后，没有进行演练、修改完善和报备。三元社区应急预案制订的时间多为 2015 年至 2016 年，制订后也没有结合三元社区的经济社会发展情况进行及时更新。三元社区举办较多的是消防演练，但是却没有制定针对火灾的应急预案。总体来说，预案流于形式，缺乏针对性，没有对预案进行动态管理，这些问题在三元社区依然存在。

四、成都市三元社区防灾减灾自组织能力建设中存在问题的原因分析

三元社区防灾减灾自组织能力建设中存在的应急动员不足、应急响应时间过长、缺乏恢复重建能力、应急认知能力薄弱等不足，都是社区在应急管理能力建设中的表象问题。根据课题组的研究分析，还存在问题背后深层次的原因，主要有以下几个方面。

1. 基层工作繁重，社区工作堆积

"上面千条线、下面一根针"，社区承担着繁重的基层工作，三元社区负责提供民生服务、社情民意收集、纠纷调处、基层应急、重点帮扶、政策宣传等公共服务，自上而下，层层落实。三元社区的工作人员反映，工作任务越来越多，人手越发不足。人力不足的情况下，许多基层工作只能先挑重点工作来完成，无暇进行精细化的管理。这表现在防灾减灾应急工作中，就是社区应急预案流于形式，无法对居民的应急认知、防灾减灾展开全面的宣传教育培训等工作。

社区建立的防灾减灾应急管理平台，主要是供社区工作人员使用，未引入居民、企业、社会组织的接入端口，无法形成居民、企业、社会组织之间的参与和互动气氛，导致无法在防灾减灾应急平台上接受和反馈各类灾害突发事件的实时信息。由于防灾减灾应急管理平台在设计理

念上突出自下而上的信息报告模式，社区工作人员运用管理平台上报事件、下派任务时，无法实现上下信息交互，对社区防灾减灾应急工作的帮助缺失，实际运用效果较差。而且，社区将网格员的信息报送量作为考核指标，致使网格员为完成任务，报送无效信息或者虚假信息、不跟踪事件的发展周期和进程，造成系统内储存大量无用数据。防灾减灾应急管理平台不完善的设计理念和不合理的考核方式，不但没有减轻社区防灾减灾应急工作的工作量，反而增加了网格员的工作负担。

2. 主体单一，主动性不足

虽然社区居委会是防灾减灾应急管理这一公共服务的提供者，但是并不是唯一的生产者，现实中存在社区居委会过分依赖上一级政府支持的情况，其"官方"属性较强。社区居委会的主动性不够，居民的参与积极性不高，并且在应急管理的过程中，缺乏对市场和社会力量的关注。企业、社会组织和居民在防灾减灾等灾害管理工作中也应该被视为参与主体，应被视为合作供应者或生产者，而不仅是被管理和治理的对象。只有这样，防灾减灾的多元主体才能发挥其主动性，社区防灾减灾应急管理工作才能取得预期的效果。

三元社区防灾减灾应急工作的开展中，除了石羊街道与社区居委会提供公共服务，社会组织、企业以及居民极少投入资源和提供服务。三元社区的社会组织数量少，企业和居民的参与度低，社区居委会完全占主导地位。这与我国传统行政管理模式息息相关。社区管理很少引入市场机制，缺乏向企业、社会组织购买服务的意识。因此，行政力量成为社区防灾减灾应急工作实施的主要推力。社区在开展应急工作的过程中被动融入，不可避免地出现居民、企业、社会组织积极性不高、参与度低的问题。在社区防灾减灾自组织过程中，很难调动多元主体的积极性。随着三元社区自组织能力的逐渐发展成熟，社区应急工作作为一项重要的公共事务得到了社区和社会越来越多的重视，社区居委会、企业、社会组织、社区居民等配合参与政策实施的积极性和主动性若不及时跟进，将不利于社区防灾减灾应急工作真正落到实处。

3. 社会资源匮乏，缺乏协调整合

社区作为社会最基础的单元，自然而然地成为各个部门的"接地点"，常常呈现出一对多的状态。然而，也正因为处于最基层，社区居委会不可能与上级部门一一衔接对应工作。社区虽然是各防灾减灾机构政策的实施对象，但各防灾减灾部门的日常工作少有与社区直接对接，一般都是下达到区政府或者街道办事处。在国家应急管理部成立以前，我国实行的是单灾种的灾害防御体制，政府各涉灾部门在社区里都有各自的资源，但是各灾种相互独立管理和应对，各部门的信息网络、资金拨付、队伍建设自成体系，缺少统一和整体协调，缺乏有效整合。该体制的不足之处主要体现在以下两个方面：一是缺乏社区综合防灾减灾应急规划。综合防灾减灾应急规划概念的缺失，导致社区防灾减灾应急资源和工作得不到有效整合，只有消防部门覆盖到社区这一层级。二是信息传递网络不健全。各防灾减灾部门的信息传递网络建设各自为政，多数没有共享，甚至连街道这一层级都没有涉及，更不用说深入社区。政府为三元社区订阅了气象信息，信息包含气象、国土、防汛的综合信息，但是民政部门的信息未被涉及。因此，难以形成完整统一的包括监测预警、信息发布、上报等环节在内的灾害信息传递网络。

在三元社区内部，由于社区自身可调动的人力、物力和资源较少，其统筹资金的能力有限。在资金的筹集方面，缺乏有效协调机制。各上级主管部门的资金在同一社区分散使用，不能取得很好的效果，对社区内部企业、居民的协调能力也较弱。因此，社区防灾减灾应急资源的优化组合尤其重要。然而，由于缺乏有效的社区防灾减灾应急协调机制，社区现有的应急资源没有得到有效的整合。

4. 社区与居民之间长期博弈

社区希望居民能够分摊其防灾减灾应急成本，从而降低社区的应急资金投入；社区居民在其付出相应的防灾减灾应急成本后，希望能够获取更多的安全保障和安全感，使自己的生命财产安全能够免受灾害影响。从本质上讲，两者的利益是一致的，不存在直接的矛盾。然而，在现实中，社区与居民合作的理想情形并不多见，更多的是一种动态博弈。例如，多数居民不愿意购买家庭应急包，希望社区在做应急宣传工作时能够免费发放。居民希望社区能够承担家庭防灾减灾应急物资的经费支出。类似的情况还有很多，由于该社区是农民回迁社区，居民收入不高，一些人不愿意缴纳机动车停车费，致使机动车长期占用小区公共区域、停放错乱，妨碍顺畅出行，甚至有时还占用消防通道。

社区内的公共区域，性质上属于公共物品，供居民在突发灾害事件发生时紧急疏散逃生和避灾使用，利益归属于全体居民，每位居民都可以从该产品中获益。从居民的集体理性出发，最优策略应是居民共同承担部分防灾减灾的应急成本，整合社区应急资源。但是，现实情况却常常表现为部分居民不愿承担公共物品的成本，致使其他居民所承担的成本增加，而这一部分新增的成本又使一部分居民放弃了原本打算承担成本的意愿，最终导致合作因不稳定而解散。从根源上讲，社区与居民的博弈和居民与居民之间的博弈产生的原因不尽相同。

第一类情况大多源于居民防灾减灾应急认知能力不强。应急认知能力是一种前瞻性的意识，需要相应的应急素质，而部分居民及社区对公共应急资源成本投入重要性的短视使得这场本应"双赢"的合作博弈迟迟没有实现。第二类情况是"公地悲剧"的困境。它指的是一些成员坐享其成，缺乏动力去生产公共产品或消除灾害。此类困境产生的原因之一是应急资源的公共属性使居民只能共享，不能私人占有，由此便产生了"搭便车"现象；原因之二是居民总数大，应急资源作为公共物品，其平均到每个居民的利益较少，使得单个居民对公共事务的参与和贡献越发消极。这其实也反映了个体理性导致集体非理性。根据经济学中经济人的假设，人是理性的，人的行为是追求个人利益的最大化。如果一种政策无法满足个体理性，将不会得到个人的回应和支持。一般来说，人们在博弈中追求的是个体理性，而不是集体理性。

五、促进成都市三元社区防灾减灾自组织能力建设的对策建议

上文分析了成都市三元社区在防灾减灾自组织能力建设中的创新探索和不足。创新之举应该加以推广，不足之处应改正和完善。课题组深层次剖析三元社区防灾减灾自组织能力建设中存在不足的具体原因，根据原因对症下药，提出以下的对策建议：

1. 减轻社区工作负担，提升防灾减灾应急动员能力

通常情况下，社区一般都会有100多项日常工作，国家的各项方针政策的具体实施都会落实到社区，因而社区人力、物力、财力资源短缺，这一直是社区管理工作中长期困扰的难题。社区防灾减灾应急管理工作多数集中在灾害的预防准备阶段，周期长，见效慢，应急工作的成效不能立竿见影。只有在突发灾害事件发生时，才能体现社区防灾减灾应急工作的效果。社区忙于各项日常事务，应急工作缺乏模板和标准，很难集中精力建立社区与居民、企业、社会组织的信任关系，很少能将精力集中到社区防灾减灾应急动员能力上来。因此，提升社区的防灾减灾应急动员能力，首先应当减轻社区工作负担；其次应动员社会资本分摊社区防灾减灾应急成本。建议成都市政府建立"社区防灾论坛"，专门收集成都市内各社区在防灾减灾救灾中的成功案例，分析和总结各自成功的经验与主要做法，定期将分析报告上传官方网站，供社区参考借鉴。成都市政府还可建立"社区应急动员经验模板"，广泛征集有效的社区应急动员方法，供社区下载参考，对行之有效的予以借鉴，对不符合本社区实际情况的予以去除。同时建议设立"社区应急预案模板"，各社区根据该模板要求的信息进行填写，可以帮助社区理清编制应急预案的具体思路。"社区应急预案模板"应包括社区风险评估、社区资源和技能评估、应急避难场所地址选取、应急联系人员、沟通联系方式"树状图"、社区中可提供服务的组织机构名称、应急响应机制、社区

应急小组会议地点、联络中断的备用方案等内容。

纵观防灾减灾应急工作开展得卓有成效的社区，都是把防灾减灾应急动员能力建设深植于社区日常管理工作中的。成都市成华区双桥子街道新鸿社区就是把网格员作为防灾减灾应急信息员，在社区内的每个小区内设有值班室，24小时值守，为社区居民服务，与居民形成良好的互动，与居民"说得上话，进得了门、办得到事"。掌握社区的社情民意，防范公共安全事件，排查风险隐患，防微杜渐。建议三元社区聘请专职的防灾减灾应急人员，可以结合网格员的工作，在每个院落设立值班室，进行社区日常的值守工作。只有密切与居民的联系，建立良好的信任关系，才能在关键的时候广泛动员居民参加社区防灾减灾应急工作。

2. 促进多元主体参与，提升防灾减灾应急响应能力

建立责任共担机制。应对灾害突发事件并不只是社区居委会的责任，社区内每一个居民、企业和社会组织都应该主动参与防灾减灾应急管理，与社区居委会共担责任。社区居委会应该承担提供秩序和法律的责任，居民应该成为一个合格、合法的居民，在参与社会组织中提升人文精神。要把解决灾害危机当成社区每个主体走向团结、信任、合作、支持的契机，培育社区认同感，营造社区共同体。要培养责任共担意识，首先，政府要制定和完善多层次的防灾减灾应急管理法律体系，为多渠道共同参与和承担各自责任提供规范。其次，要培养和加强社区居民的灾害危机意识，在不断的训练中培养居民的自救互救能力。最后，要培养社会组织，为居民参与防灾减灾应急管理提供途径。居民不仅可以参加三元社区内的防灾减灾应急管理工作，也可以参加社会组织的其他公益性活动。同时，要开展自救互救培训活动，通过社会组织、居民、企业与社区一起探索防灾减灾应急管理新模式，降低灾害危机对社会的影响和管理成本，提升社区防灾减灾自组织能力。

（1）加强基层党组织建设

党的十九大报告指出，"坚持党对一切工作的领导。"这表现在社区防灾减灾应急管理工作上，是社区党总支领导社区居委会进行灾害危机治理。社区党组织作为社区管理的重要力量，在社区防灾减灾应急管理能力建设中，可以充分发挥其凝聚力、战斗力和社会影响力；充分发挥其动员作用、保证作用和表率作用，把基层党组织的政治优势、组织优势转化为应对重大灾害突发事件的强大力量，在保护社区民众生命财产安全和维护社会安全、稳定、和谐中发挥重要作用。

针对三元社区内大型企业参加社区防灾减灾活动积极性不高的情况，可以借鉴武侯区玉林街道黉门街社区的经验，成立"区域党委"，

实行"双党委"同步运行。打破党组织关系所在地的限制，将辖区内的企事业单位党组织纳入社区"区域党委"统一管理，建立社区党组织与驻区单位党组织"双向服务"。通过在企业中成立党支部，把游离于社区服务管理之外的企业，以"组织固化"的形式整合在一起，实行"双向互动"，使社区防灾减灾应急管理工作无盲区，实现社区全覆盖。同时，实行党员"双报到"制度，社会组织中的党员与居民中的党员干部，不仅在原党支部报到，也在三元社区党总支报到备案。加强对党员干部的管理，使社区内的所有党员凝聚在一起。基层党员在社区应急工作中充分发挥共产党员的先锋带头作用，加强党员与群众的血肉联系，可以充分动员企业、居民、社会组织参与社区防灾减灾应急工作，提升社区的应急响应能力。

（2）构建社区与社会组织的合作机制

社会组织的发展规模与行动能力是展开合作的前提。四川省社会组织面临着发展不平衡、经费和人员严重不足、发展规模有限、行动能力不强、活动领域与方式有限等多方面的问题，严重影响了基层社区与社会组织的持续性合作。因此，从宏观层面来说，政府应改革社会组织登记制度。在资金上给予社会组织直接资金支持或是间接金融政策支持。政府对社会组织的员工给予政策支持，促进其人才的吸收和储备。网络与信息平台政策是政府为社会组织提供的利益表达、信息获取的渠道与平台。目前四川省社会组织的发展面临着制度、资源的双重约束。因此，构建公共危机管理中社区与社会组织的合作机制并使合作机制具有长久发展的动力，就必须进行制度变革，在资源、人员、空间等方面推动社会组织的发展。这是构建社区与社会组织合作机制的根本，也是决定合作机制发展前景的制度性基础。

（3）引导居民积极参加社区自治，提升自救互救能力

随着社区管理和社区防灾减灾应急管理能力建设的日益成熟，社区已经成为政府应急管理工作下沉的平台和社会力量参与其中的重要网络。在制订社区应急预案和开展社区防灾减灾应急管理能力提升建设时，应注重调动社区企业、社会组织、居民等参与主体的积极性和主动性，推动社区居民、社区居委会、社区单位、社会组织等个人和组织之间形成高密度的社会网络，提升社区防灾减灾应急管理信息与资源的共享程度，培养社区应急响应队伍等专业抢险救灾队伍，使他们成为应对社区突发灾害事件的主要力量。

鼓励居民力所能及地参加社区的防灾减灾应急管理工作，提升居民自组织的积极性。例如，可以开展绘制社区灾害风险地图的主题活动，帮助社区居民辨别潜在的灾害隐患点，提高防灾减灾意识。鼓励居民发

现社区内的应急避难场所，并在风险地图中标识出来，提高灾害应急疏散能力。通过不断灌输社区自救互救理念，积极引导社区居民形成自救互救意识，帮助社区和居民通过掌握、了解和运用社区内的资源，最大限度提高社区居民自救互救能力。通过大力发展社区非营利组织，完善社区服务中心功能，使社区服务中心成为社区宣传减灾救灾知识的重要阵地。

从三元社区的防灾减灾自组织能力建设实践来看，社区居委会工作人员、以社区老党员和居民代表为骨干的社区志愿者队伍等构成了社区应急队伍的主体。这些社会力量在平时可负责科普灾害知识和防灾减灾知识宣传、自救互救知识宣传推广，开展自救和互救专业技能训练与防灾演练；在灾害发生后，可协助社区开展灾情、民情的收集和速报，组织社区居民自救互救，进行应急避险疏散安置，维持社会秩序，协助和配合专业救援队抢险救护，协助发放救灾物资，为社区居民提供心理咨询等。社区工作人员与社区居民、社区企业之间的关系纽带越紧密，社区就越容易提升防灾减灾自组织能力。

（4）引导企业参与社区防灾减灾应急管理工作

引导企业编写工作手册，鼓励各部门罗列风险源清单。企业各部门所遇到的灾害突发事件不同，企业各个部门联合起来有利于全面准确地确定企业可能遇到的各种危机。将各个部门所列举的灾害突发事件进行汇总比较，形成整个企业的风险源清单。此类工作的开展，不仅有利于企业防灾减灾应急管理能力的提升，而且有利于企业各部门之间的沟通协调、营造企业归属感。社区内的企业营造良好的员工归属感，将反过来助推社区防灾减灾应急动员能力的提升。

鼓励企业进行桌面演练。企业从事生产经营的目的是获取利润，为了兼顾企业的利益和应急工作的效率，在进行日常演练的同时，可以增加桌面模拟演练。由企业的各个部门，包括总经理办公室、生产部门、营销部门等部门的员工，与社区工作人员、社区居民代表一起，参加桌面演练。桌面演练不仅可以协调企业各个部门的关系，使之了解企业应急工作的流程和操作规范，同时也可以节省时间，提高社区防灾减灾应急管理工作的效率。

（5）建立社区协商机制

建立三元社区协商机制，由社区内的党组织牵头领导，社区居委会、居民、社会组织、企业共同参与。其形式可以包括各种座谈会、讨论会，特别是多种形式的公开会议、开放的研讨会，邀请各方人员参与，对涉及他们的利益和安全、公共利益和公共安全的各种事项进行协商讨论，使参与者进行各种诉求的表达、交流、协商，在对话交流的基

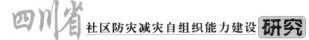

础上增进相互理解和合作，进而达成共识，推动工作的开展。充分发挥居民代表大会、社区事务听证会等基层协商形式的作用，积极探索社区联席会、社区共建指导委员会等新兴基层民主协商形式，有效地调动居民参与社区防灾减灾应急管理工作的积极性，形成共享共建的良好氛围。通过每月召开会议，围绕社区内存在的安全隐患、社区内应急救灾物资的筹集调配等问题，进行民主协商。发挥基层党组织在协商中的作用，利用党组织作为纽带，通过联系企业、社会组织等体系外的党组织，提高企业、社会组织的参与度，推动社区内的企业和社会组织的服务型资源向社区开放。这同时也保证了参与社区协商的各个主体能够平等、自主地表达自己的观点，化解利益矛盾，维护自身的权益。

3. 协调整合资源，提升灾后恢复重建能力

作为社会最基础的单元，社区居委会自身的人力、物力有限。应将社区内的企业、社会组织、居民以及上级部门的力量，视为一个可以协调的整体。协调整合资源，进行灾情研判、灾害损失评估。在突发灾害事件发生后，快速调动社区内的各类资源，用"近水救近火"。

（1）提高灾害损失评估能力

突发事件发生后，应该采取专业的评估方法，评估灾害的损失程度，以便开展灾后重建。根据损失的大小，确定采取何种方式、调动多少资源开展重建工作。

目前，社区较少关注灾害评估，而将主要精力集中在应急准备和突发灾害事件发生后的应对处置上。灾害损失评估的专业性较强，不同灾种的评估方法不一，因此，需要借助专家智库力量。目前，三元社区与专家智库的合作主要在风险源判定、宣传培训方面。但是，在灾害发生后，却未对居民的受灾损失进行评估，进而未采取对居民的灾后恢复生活的补助措施（如 2016 年 9 月 13 日 148 号院落发生的居民火灾）。在防灾减灾应急处置过程中，特别是面对地震、内涝等影响较广的自然灾害，社区内资源往往有限，只有通过专业化评估，才能针对不同区域的受损情况，确定灾后恢复重建工作的顺序。因此，建议成都市政府根据国内外先进经验分类建立灾害评估模板，同时在高校和相关机构中挑选专家组成灾害损失评估智库，以备在灾害发生后迅速评估损失，开展灾后恢复重建工作。

（2）多渠道筹集灾后恢复重建资金

社区的灾后重建工作需要大量的资金。财政资金应当是重要来源，捐赠和保险赔付、金融融资也是重要的资金来源。然而，当前的实践表明，这四种渠道的资金都面临各种问题。社区居委会没有设立防灾减灾应急处置的专项资金，社区应急管理的资金要么从社区日常管理的经费

中挪出部分使用，要么额外向街道申请划拨。社区灾后重建如果仅依靠财政，就会对政府财政支出产生较大压力。而社会捐赠资金因其时效慢、不确定性大，筹集资金的不稳定性因素较大。保险资金由于需要先投保后受益，受众面较窄。金融资金主要来自银行投资、发放贷款，多用于企业重建。因此，社区灾后重建资金的筹集方式尽管多样，但都存在一定难度，建议政府建立社区灾后重建资金的分摊筹集机制。

突发灾害事件发生以后，社区内企业、居民的生产生活受到影响。金融机构（主要指银行机构）可以发放灾后重建贷款，对社区内发生的火灾、城市内涝、企业事故灾难等灾后重建工作提供贷款支持。加快贷款发放速度，提供短期贷款。银行的灾后重建贷款速度快，能够快速为企业及居民恢复生产生活提供资金支持。三元社区应该提前与银行签订协议，保持绿色金融通道畅通，保证灾后重建贷款的及时发放。

捐赠作为一种筹集资金的方式，可有效缓解政府财政资金的不足，解决防灾减灾应急管理工作中的实际问题。社区居委会作为法人单位，可以直接接受捐赠。应该设立独立的银行账户，按捐赠者意愿，专款专用。对捐赠的款项和物资应登记造册，财务收支透明，向全社会公布，并反馈给捐赠者，接受监督。

保险作为风险转移的一种市场化手段，在社区防灾减灾应急管理能力提升的过程中发挥着重要作用。保险业的发展，有助于经济补偿以及培养风险意识。应该鼓励社区居民参与社会保险、职业责任险、自然灾害保险等；鼓励雪花啤酒厂、新双立 4S 店等企业参与产品责任险、雇主责任险、自然灾害险等。应在社区内加大保险的宣传，鼓励保险企业开展保险险种的宣讲，加大保险覆盖率。这样当灾害过后，居民、企业能够及时得到经济赔偿，迅速恢复社区内生产生活秩序。

（3）强化社区灾后心理危机干预

受灾群众不仅蒙受经济损失，往往还伴随有心理创伤。灾后的心理创伤主要表现为对创伤事件反复回忆、很少参加各项活动、对一般性事件反应麻木等症状。严重的情况可能导致焦虑、抑郁等精神疾病，并且诱发高血压、哮喘等身体疾病。严重的抑郁心理甚至会导致自杀。因此，不能忽视社区内小型火灾、盗抢事件等影响范围较小的事件。应该及时对受灾者进行灾后的心理危机干预。除了物质支援外，可以充分利用三元社区的心理课堂活动，畅通受灾居民倾诉的途径，缓解他们的压力。虽然三元社区已与心理专家合作，开通心理课堂，但主题多为亲子关系、儿童成长问题。应该增设社区应急心理课堂，并形成长效机制。也可以引入社会组织，进行专业心理辅助。受灾群众需要一个十分缓慢的心理接受过程。但是，心理专家和社会组织的心理援助人员都属于外部支援，需要适应本社区内的社区文化后，以理论结合实践进行心理辅助干预。社区的灾后心理干预不仅依靠外部力量，最主要的还是要依靠社区自身的力量。社区灾后的心理干预通过社区内部人员的介入，更容易产生认同感，减少抵触情绪，应充分调动社区内熟人关系网络，从情感、心理、社区文化等多方面对受灾居民进行帮助。因此，三元社区内应该建立灾后心理辅导室，成员由社区工作者或者本社区志愿者经过专业培训后担任。外部专家学者辅助、内部社区人员参与心理干预支持，两者相结合，共同应对灾后心理危机。

4. 加强宣传协调，提升防灾减灾认知能力

当社区居委会的利益与居民的利益一致时，社区居委会和居民会为实现共同利益而努力；当其利益不一致时，自利动机就可能导致社区居委会和居民个人的行为相互背离。因此，社区居委会和居民之间应该是一种合作博弈的关系。在社区防灾减灾应急管理工作中，这种博弈的结果，取决于社区居委会和居民对社区防灾减灾应急管理认知能力水平。三元社区居委会对社区应急管理工作进行了不断探索，可以认为其应急认知能力较强；此时，提升居民、企业、其他社会力量的应急工作认知水平，使其具有相应的忧患意识和风险防范意识与能力，那么各个主体就会愿意分摊防灾减灾成本，实现双赢的合作博弈。提升居民的认知能力，需要完善应急培训体系，运用"互联网+"技术，增强宣传教育的互动性和感染力。

（1）完善防灾减灾应急培训组织体系

当前，四川省的应急培训体系尚未建立，特别缺乏面向居民的专业应急培训体系。学校教育、社区培训、家庭教育等教育培训的错位和缺失，导致居民应对灾害危机的能力参差不齐、整体偏弱。

社区应常设应急培训课堂，由社区民警为广大居民讲解安全知识、社区医生为居民提供急救培训，以提高居民自我保护能力、防灾减灾应急认知能力和应急响应能力。

由于社区经费有限、人力资源不足，可以与有应急培训资质的常设机构合作。例如，社区与四川省防灾减灾教育馆合作，居民可以去教育馆体验、实践防灾减灾技能，或者请防灾减灾教育馆的工作人员进入社区开展宣传教育培训。

提升居民的应急认知能力，使居民充分认识到，居民及社区对防灾减灾应急资源成本投入的重要性，积极主动参与，最终实现合作共赢。在居民认知能力普遍提升后，平衡好个人理性和集体理性的关系，设计出符合三元社区社情民意的机制，分摊防灾减灾应急成本，引导非合作博弈转化为合作博弈，彰显集体理性的优势，最终实现社区公共安全利

益的优化。

（2）运用"互联网+"技术，增强防灾减灾宣传互动性

通过课题组调查得知，虽然三元社区经常开展应急培训和演练，但是居民、企业和社会组织的参与性比较低。分析其原因，一方面是快节奏的生活使社区居民没有空余时间投入防灾减灾应急培训和演练；另一方面是"酒香还怕巷子深"，社区宣传覆盖面窄，许多被调查者不清楚社区举办的活动内容和相关情况。建议通过现代化网络技术，扩大宣传。社区与居民面对面接触较少时，可以利用互联网交流，利用社区现有的互联网技术手段，建立社区网站、微博、微信公众号，通过微信群发布社区防灾减灾应急知识，居民、企业、社会组织成员也可以对社区的应急工作提出意见和建议。互联网宣传作为一种新兴的宣传方式，顺应了居民利用碎片化时间参与社区自组织和自我管理的需求，能够引导更多的居民参与社区防灾减灾应急管理工作。同时，居民通过微博、微信的互动，增加彼此沟通的频率，有助于增强居民的归属感和认同感。

应该结合三元社区中老年人口比例大以及受教育程度不高的特点，巧用多种方式，增强防灾减灾应急宣传的可接受度和生动性。例如可以利用社区广播，播放急救知识、应急逃生知识等。可以引进多媒体技术，利用 LED 显示屏告知居民、企业人员社区内的逃生线路和应急避难场所等信息。

（3）建立协调机制，优化社区公共利益

随着经济水平的不断提升，居民、企业、社会组织积累了大量的资源。建立协调机制，归根到底就是调动社区内的资源解决社区内的问题，优化社区公共利益。协调是一个动态的过程，不仅仅是各方利益的博弈，同时也是激发社区居委会、居民、企业和社会组织的主动性，培育和提升社区内各主体防灾减灾应急认知能力的过程。提升各个防灾减灾自组织能力建设主体的认知能力，有助于建立协调机制，而构建协调机制，又能促进防灾减灾应急认知能力的提升。

提升各个主体的防灾减灾认知能力，使居民、企业、社会组织充分认识到公共应急资源共投共享的重要性，最终实现合作共赢。在认知能力普遍提升后，平衡好个人理性和集体理性的关系，设计出符合三元社区社情民意的防灾减灾机制，分摊应急救灾成本。

第六章 促进四川省社区防灾减灾自组织能力建设的建议

四川省社区防灾减灾工作要统筹考虑各类自然灾害和减灾工作的各个方面，全面贯彻党中央、国务院和省委、省政府全面建成小康社会决策部署，遵循"创新、协调、绿色、开放、共享"的发展理念，坚持以防为主，防灾救灾相结合；坚持常态减灾与非常态救灾相统一。注重灾后救助向注重灾前预防转变，从应对单一灾种向综合减灾转变，从减少灾害损失向减轻灾害风险转变。依靠科技进步，依法防灾减灾，努力提升自然灾害应急救助能力，切实全面提升四川抵御自然灾害的综合能力。要充分认识到制约四川社区防灾减灾自组织能力建设的几个主要方面，利用各个地区、各个部门、各个行业的防灾减灾资源，综合运用行政、法律、科技、财税等多种手段，建立与健全综合减灾管理体制和运行机制，着力加强社区灾害监测预警、防灾备灾、应急处置、灾害救助、恢复重建等能力建设，扎实推进减灾工作由减轻灾害损失向降低灾害风险转变，全面提高综合减灾能力和风险管理水平，切实保障城市居民的生命和财产安全，促进经济和社会全面、协调、可持续发展。

第一节 制约四川省社区防灾减灾自组织能力建设的主要因素

社区防灾减灾自组织能力建设，涉及观念意识、组织体系、队伍建设、运行机制、保障制度、社会参与等各个方面，是一项艰巨而复杂的系统工程。结合当前社区防灾减灾能力建设的实际，本书认为制约社区综合防灾减灾自组织能力建设发展主要有以下几个方面：

一、社区工作人员的自组织能力偏低

四川社区自组织的发展还处于起步阶段，社区工作人员与东部发达

地区相比，防灾减灾自组织能力还有待提高。由于四川社区工作人员编制少、待遇较低，很难吸引到高素质人才。从四川社区的实际情况看，居委会工作人员多由街道部门通过变相任命的方式产生，也有一些是下岗职工和其他无法找到工作岗位的人员，文化程度不高，大多数工作人员只有中学或专科学历，正规大学本科毕业生不多。业主委员会、妇幼保护会、法律援助中心、义务消防队、安全巡逻队、公益活动中心、志愿者及义工组织等自组织主体在某一具体的社区中则残缺不全，其工作人员尽管具有一定的素质与能力，但与防灾减灾自组织能力建设的基本要求相比，仍存在一定的差距。

社区工作人员自组织能力偏低主要表现在社区个别部门对防灾减灾工作的重要性认识不足，对现代社区自组织工作缺乏必要的理解与把握；在应急理念上，重应对而轻预防，思维模式和观念陈旧，没有把应急管理工作纳入重要议事日程。每当灾害突发性事件发生的时候，社区往往是被动地反应，而不能主动地出击，更谈不上主动地预防。如对安全隐患的排查、风险评估工作还未引起足够的重视，对潜在危险源的情况没有很好掌握，信息不灵，难以有效防控突发灾害事件。多数社区工作人员缺乏防灾减灾的专业知识与技能，在社区开展自我管理和自我能力提高过程中显得力不从心，仅仅把社区工作视为一种谋生的手段；面对防灾减灾工作，往往凭热情来做，凭自己的想象来做，重形式而轻内容，虽有把工作做好的主观愿望，但不符合社区防灾减灾的具体要求。

二、缺乏有效的自组织建设的体制机制

四川社区防灾减灾自组织能力建设的领导和组织协调尚未形成有效的机制，在社区没有一个明确的综合灾害预防和处置主管部门；一旦发生灾害，通常是依靠临时组建。气象、水利、地质、地震、民政等上级相关部门分工明确、相互独立，队伍建设和救灾保障上自成体系，在灾害信息的传递和应对处置中各自为政，具体落实到社区这个层面，则缺乏综合的信息沟通和协调联动机制。资源协调能力差、社区和街道经费支持力度不够。社区对居民的凝聚力不够，缺乏为居民提供的理想防灾减灾平台和居民的参与途径，也缺乏必要的基层发动能力和组织协调能力，没有认识到社区中有大量的防灾减灾潜在资源可供利用，对现存社区的防灾减灾资源信息掌握不够，难以有效地整合社区现有的防灾减灾资源，直接影响着综合防灾减灾效果。在防灾减灾救灾主体上，往往还是重政府而轻社区。近年来，虽然社区在灾害管理中的作用重新受到评价，但是长期以来，受灾之后政府将施以援助的观念已经深入人心，而且随着时间的流逝，社会对政府救灾援助的期待不断增长，"救灾靠政

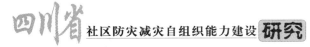

府"的思维惯性依然在很大程度上存在;而与此同时,为了方便管理、统一行动,政府中也有意无意存在忽视社区防灾救灾自组织能力建设的倾向。这些情况都阻碍了社区防灾救灾自组织能力的建设。

三、社区防灾减灾的基础条件落后,应急预案缺乏针对性

社区防灾减灾的一些基础设施不完善,脆弱性和风险性较大,社区人口数量、建筑物分布、通道空地、生命线设施等应急基础资料和基本数据缺乏,减灾资源普查、灾害风险综合调查评估等方面工作尚未全面开展,各类灾害风险分布情况掌握不清,隐患监管工作基础薄弱,灾害监测体系还不够健全,预警信息覆盖面和时效性尚待提高,灾情监测、采集和评估体系建设滞后;应急避难场所建设滞后,多数社区没有明确设立应急避难场所,已建成的应急避难场所和疏散场地设施不全、功能单一,已经不能满足当前避险避难的需要,并且多数缺少规范的警示标识标牌,后续维护管理滞后;基层社区的应急装备、家庭防灾减灾器材和救生工具配备比例不高;社区应急物资储备缺乏,抗灾救灾物资储备体系不够完善,应急通信、指挥和交通装备水平落后,在灾害来临时不能很好地做到快速反应和第一时间处理等。许多社区对防灾减灾缺少切实可行的应急预案。从预案的基本情况来看,一些社区虽然制订了有关灾害应急预案,但缺乏实际的可操作性,有的甚至仅仅是为应付上面的检查而设,纸上谈兵。当突发事件真正发生时,往往措手不及。一些社区的应急预案看起来非常全面,大到洪水地震,小至雨雪阻道,几乎无所不包,但是仔细研究一下这些应急预案,却发现其中往往存在很多问题:内容上存在照抄照搬现象,不切实际;没有考虑到最坏、最困难的应急情况;缺乏综合协调和相互衔接;缺乏连贯性和标准化;要素不全,没有及时修订更新;缺少演练和实战。一旦真的遇到灾害突发性事件,应急预案往往因为不符合客观情形而行不通,或者因为平时缺少有效的训练而执行不力,给社区应对灾害突发事件的工作造成很大困扰。

四、社区防灾减灾的社会化参与程度不高

目前,社区防灾减灾规划、灾害风险评估、应急预案的编制大都靠政府主导推动完成,很少吸收当地居民参与,社区居民对社区的认同感和归属感不强,参与群测群防、疏散演练的积极性不高、责任感不强,社区部门的自治功能虚化。居民虽然生活在社区却没有意识到自己是社区的主人,没有意识到自己对社区的防灾减灾负有责任和义务,认为防灾减灾是政府的职责,与自己关系不大;社区参与人数较少,平时的防灾减灾宣传教育培训等活动的参与人员局限于老年人,尤其是老年妇

女，而中青年居民和专业技术人员因忙于工作而不能参与社区防灾减灾工作；在社区中致力于防灾减灾救灾的民间组织数量较少，专业化和职业化水平不高。这些民间组织的运作更多是凭借着一腔热情，缺乏运行管理经验和自律互律能力，缺乏民主参与的深入性和广泛性。在社区层面上缺少一些长期管理、定期训练、有着专业素养的应急救援分队，严重制约了社区防灾减灾能力建设的发展，使得防灾减灾工作开展时有捉襟见肘的感觉。此外，综合防灾减灾救灾的民间组织发展还比较缓慢，社区内企业、医院、学校等社会资本和关系没有得到充分动员与利用，在社区防灾减灾能力建设中的自组织作用发挥不够，社区的灾害承受能力差。

第二节　社区防灾减灾应当遵循的基本原则

社区防灾减灾必须结合社区的特点和条件，符合社会发展的要求，坚持以人为本，尊重自然规律，以保护人民群众生命财产安全为防灾减灾的根本，以保障受灾群众的基本生活为防灾减灾工作的出发点和落脚点，遵循自然规律、经济规律、社会规律，通过降低灾害风险促进四川经济社会持续发展。因此，社区防灾减灾自组织能力建设应该遵循以下几个基本原则。

一、发展与防灾减灾相结合的原则

工业化带来了物质财富的高速积累，却也制造了无数的工业灾难，并对环境造成了严重的损害，传统的工业文明已经被证明是不可持续的。发展经济必须与减轻灾害相结合，应当在发展中充分考虑如何减少灾害发生、减轻灾害损害后果，并提升防灾减灾能力，将防灾减灾能力建设纳入四川省发展规划并不断完善。社会进步同样可以有助于强化全民灾害风险意识，提升灾害风险管理水平。

二、预防优先与抗灾救灾相结合的原则

最有效的防灾减灾是避免与防止灾害或灾害后果的发生。对自然灾害必须做好事前预防，主动应变，在防灾减灾体系中要将防灾置于优先地位。在防灾方面，既要采取适当的工程措施与技术方案，也要借鉴历史经验，尊重自然、适应自然，以规避灾害、追求安全为目标。在灾害频发的高风险地区，实行避险搬迁，减少人类活动的规模和强度，这应成为综合防灾减灾的重要举措。例如，不要占用行洪河道，不要在地震

带和山体滑坡、泥石流频发地带搞大规模的建设等。四川社区的防灾减灾必须以科学评估为依据，以项目为依托，以科技为支撑，以能力建设为保障，加强调查评价、群防群测、监测预警、工程防治、宣传教育、科技推广等综合防范，强调预防为主、预防优先、综合减灾，坚持防灾、减灾和救灾相结合，协同推进自然灾害防灾减灾各个环节的工作。

三、工程措施与非工程措施相结合的原则

应对灾害，需要工程减灾与非工程减灾协同推进，让两种手段形成合力，两者不可偏废。这方面日本的经验可资借鉴：日本中小学教育中有专门的防灾知识教育，内容安排在社会、国文等课程中；充分考虑了不同年龄段学生的心理、生理特点，体现趣味性和知识性，并按照年级变化教材内容。日本还重视防灾教育和防灾训练基地的建设，防灾基地通常采取参观者亲身体验为主的教育培训方式，设有地震体验及训练屋、泥石流体验屋、消防训练室、风速体验室、烟雾躲避训练室、紧急梯子逃生训练等项目，给公众以应对灾害的直观感受，增强其实际应对灾害的技能。

四、综合治理与重点应对相结合的原则

由于应对灾害问题是一项涉及全社会的协同行动，既包括监测、预警、防灾、抗灾、救灾、重建等措施的实施，也包括人口、资源、环境、社会经济发展等方面的协调。既要统筹考虑与综合治理，又要分清轻重缓急、明确重点，关注重大灾害、主要灾种、重点地区、重要的受灾人群。要提高自然灾害监测预警、统计核查和信息共享及服务能力；调查重点区域自然灾害风险隐患，编制灾害频发易发区域自然灾害风险图；在不同地区，针对不同灾种结构，制订重点应对措施，在防灾减灾实践中，开展综合治理，关键是重点应对。

五、应急管理与构建防灾减灾长效机制相结合的原则

一般而言，应急管理解决的是当前的问题，长效机制解决的是长远的问题，两者有机结合才能协调防灾减灾当前与长远的关系。应急管理见效快，但效果的持续性差，被动性明显。推动和落实多项防灾减灾政策和措施，编制防灾减灾中长期规划，构建长效机制，使社区防灾减灾更加具有主动性，效果具有持续性，虽然往往投入较大、时间较长，而且很难马上见效，但是能发挥很好效果。这两者各有特点，在实践中应该实现功能互补。只有做到应急管理与长效机制有机结合，才能实现防灾减灾的理性化、常态化与高效化。要坚持政府主导、部门联动、社会

参与；坚持各级政府在防灾减灾工作中的主导地位，加强各部门之间的协同配合；将防灾减灾工作纳入地方经济和社会发展规划，建立更加健全的应急预警信息发布手段和机制，积极动员组织社会各界力量参与防灾减灾。

第三节　提高社区防灾减灾自组织能力建设水平的建议

社区防灾减灾自组织能力建设问题是社区提高防灾减灾能力中的重大现实问题。针对以上制约社区防灾减灾自组织能力建设的四个方面存在的问题和需要坚持的五个原则，提出提高四川省社区防灾减灾自组织能力建设水平的建议如下。

一、加强防灾减灾宣传教育，提高居民防灾减灾意识

防灾减灾宣传教育是提高居民防灾减灾救灾素质的重要途径。要以国际减灾日、"5·12"防灾减灾日为契机，开展集中和长效相结合的公众宣传活动，并针对社区内不同的群体开展各具特色的防灾减灾活动，重点加强青少年和老年人防灾减灾知识宣传教育。特别是加强对社区中小学校、企业、工程施工单位、医院等相关部门的宣传教育，营造防灾减灾氛围。加强应急知识的宣传教育，普及应急知识，形成全民联动的应急管理体系，这是社区长期应该坚持的重要工作。通过社区的公共微信平台，公开宣传栏，广播，社区广场的 LED 屏幕、展板，发放宣传册，张贴宣传画，开展防灾减灾知识咨询等，多形式、多层次、全方位、多角度地做好防灾减灾宣传工作，大力营造宣传氛围，将应急科普宣传引入居民的日常生活，进一步增强社区居民防灾减灾意识。向社区居民免费发放应急宣传手册，将减灾科普读物、挂图或音像制品发放到社区，组织应急宣传知识讲座，采取多种形式，推广各级减灾经验，宣传成功减灾案例和减灾知识，提高公民防灾减灾意识和避险自救能力。社区应在辖区内多个位置设立醒目的各类应急指示牌，内容包括社区应急组织机构及其负责人信息、应急逃生路线指示以及应急避难场所指示等；充分利用"社区文化"资源，多渠道筹措资金，建设社区书屋、电子阅览室、便民图书馆等文化活动中心，组建社区消防队、防洪队、隐患排查队等多个防灾减灾小组，制作宣传栏，大力宣传防灾减灾文化。针对社区内不同群体开展各具特色的防灾减灾进入社区活动。组

织"减灾知识进课堂，安全意识传大家"的宣传活动。因地制宜，组织防灾减灾宣传进校园活动。进一步帮助学校师生提高在紧急情况下的自救互救能力，更好地掌握有关防震、防火等知识。做好防灾减灾的日常培训、科普宣教，提高社区应急处理意识和应急实战能力。不定期地对社区民兵预备役人员、治安巡逻队员、社区医务人员、物业安保人员、社区志愿者等进行应急抢险救援专业培训，增强他们的专业技能和协同应急能力。

二、建立促进社区自组织能力建设的体制机制

搞好社区自组织的制度建设对于防灾减灾自组织能力的提升具有重要意义，能够从根本上促进社区防灾减灾能力建设朝着良性循环的方向发展。离开了有效的动力机制、激励机制和约束机制的构建，社区防灾减灾自组织能力的提升很难有效。在制度建设上，强化社区的凝聚力，促进社区居民的认同感和归属感，建立健全社区居民的民主参与机制，依法履行社区事务的民主选举、民主决策、民主管理和民主监督的权利，促使社区居民有意识和有能力在防灾减灾中实现自救互救；强化社区自治功能，推广社区防灾减灾力量合作制度和社会化的自治运行机制，实现社区居民自治配套制度和自组织体制的创新；完善社区保障、物业管理和社区学习制度，建立防灾减灾人才选拔和使用机制，探索社区在防灾减灾中自组织治理的长效机制；完善社区防灾减灾治理的法律、法规、政策、条例和措施，建立社区自组织的信息网络支持系统，形成防灾减灾中法治化、智能化、科学化的能力建设机制。通过进一步组织领导，建立社区综合防灾减灾工作组织机构，把综合减灾作为构建和谐社区、平安社区的重要工作内容，统一规划、全面部署，进一步夯实社区综合减灾的工作基础。加强社区救灾应急装备建设，重点配备应急通信保障设备和高精度灾情信息获取装备。完善救灾物资储备，统筹建设社区救灾物资储备点，投入资金添置发电机、潜水泵等多类应急防灾减灾物资。加强救灾物资信息管理，提升物资储备的信息化管理水平，积极推进社区防灾减灾的信息化、网络化管理，搭建原本属于不同条块的防灾减灾资源信息的整合共享平台，实现防灾减灾的社会化、网络化运作，加强应急处置和救灾保障能力建设。继续推进"综合减灾示范社区"创建活动，加强防灾减灾社会动员能力建设。建立社区防灾减灾的指挥、监督、评估三大系统，及时发现问题，提前预防和预警，快速应急处置和信息上报，有效解决社区防灾减灾自组织能力建设问题。

针对传统社区防灾减灾能力建设中存在的不足，创新互联网思维，提出提升社区防灾减灾能力的"互联网+"战略，即"互联网+"背景

下的社区防灾减灾，这是互联网与防灾减灾的深度融合，有助于打造新时代的智慧安全社区。互联网与社区防灾减灾融合的精髓，在于将互联网技术深入应用到社区防灾减灾的全过程，以数据为核心、以互联网技术为支撑，实现社区防灾减灾的"智慧化"，助推社区应急管理工作在互联网时代下的转型与升级。借助云计算、物联网、大数据等现代信息技术，提升社区安全智能监管、灾害信息收集、监测预警、灾害救助、救灾物资管理等工作的效率与有效性，提升社区灾害风险识别、评估、监测和处理的信息化水平，在社区层面实现对灾害的预防、规避、分散或转移，提升防灾减灾能力，保障社区安全①。

三、以党建为核心引领，构建网格化防灾减灾自组织治理机制

社区防灾减灾离不开强有力的组织保障。我们要充分发挥基层党组织的组织优势和堡垒作用，有效调动民间组织等社会力量参与社区防灾减灾并建立长效机制，形成人人参与、人人出力的局面，使防灾减灾这项庞大的系统工程真正起到整合力量、发挥合力的重要作用。

一是创建"3+1"体系。按照"社区建党委、片区建支部、楼栋建小组"的思路，将社区划分为多个网格党支部，单独成立"双报到"党员支部，形成"社区大党委—片区党支部—楼栋党小组"+"双报到"支部的"3+1"体系，着力构建横向到边、纵向到底、条块结合的工作网络和区域化大党建格局。

二是创新"支部+"模式。针对驻社区的机关事业单位、"两新"组织等与社区党组织存在的"两张皮"现象，建议社区实施"支部+辖区企事业单位""支部+工青妇组织""支部+两代表一委员"等一核多元的"支部+"党建工作新模式，由各驻地单位负责人任社区党委委员，引领社区企事业单位、物业管理公司、个体工商会融入社区管理。

三是创新"两强"建设。加强社区党组织政治、服务功能"两强"建设，推行党员分类量化管理，建立4类党员量化管理台账，细化标准要求和分值权重，并将其与年度民主评议、评优评先挂钩。在党员中开展"五感工作法"，即"常怀感恩之心、注重感情之能、做实感动之举、树立感受之尺、凝结感悟之魂"，要求党员干部在网格中直接联系1户以上居民群众，认领1个以上服务岗位。全面开展"民情民意大走访调查"活动，实行进院入户"三见面"，增强社区党委、居委"两强"功能。

---

① 邵志国，韩传峰. "互联网+"助力社区防灾减灾能力提升［J］. 中国减灾，2016（5）：24-25.

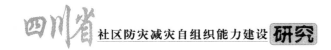

四、以群团为助力，形成社区防灾减灾自组织治理合力

逐步发挥社区工、青、妇、专业协会以及物业管理等社会组织和自治管理单位在社区防灾减灾与综合应急管理中的积极性及作用。拓宽同社会组织合作的渠道，以现有的民兵预备役人员、治保巡逻队员、社区医务人员、物业安保人员、社区志愿者和青年党团员等为依托，建立社区多元参与相互配合的综合应急队伍，并明确其具体职责和分工，进行实践性的应急技能培训，配备必要防护装备和器材，健全相关制度，确保在各种灾害事故突发之际能拉得出、用得上，能在第一时间参与应急抢险救援，成为现场处置的主要行动力量。

一是建立院落团支部，增强社区青年归属感。依托楼栋在社区的各个院落建立院落团支部。每个团支部设支部书记1名，成员2~3名，实现团组织服务网格化。团支部从搭建青年交流平台到做好防灾减灾工作等安全问题入手，以服务实效吸引青年，以公益服务引导青年，实现团组织服务网格化，凝聚青年力量，提高了青年参与社区防灾减灾的积极性。

二是建立志愿者服务队，实现社区居民良好互动。社区积极探索志愿服务新机制，采用志愿者队伍和社区积分服务挂钩的方式，组建志愿者队伍，并对其进行培训，使其掌握应急知识、提高应急技能、充实应急主体力量。建立一支由"团支部+团小组+义工"组成的志愿服务队，综合应急队伍和志愿者队伍包括具备消防、卫生、抢险等专业技能的人员，整体接受治安、消防、急救等专业训练，与公安、消防、卫生等部门或专业机构建立培训合作对接。制定较为详细的综合应急救援管理机制和工作制度：①制定应急值守工作规范，确定专人值班或带班；②优化社区网格化综合管理，在每个网格配备网格管理员；③制定舆情信息的监测、收集、报送方案，按照突发事件信息报送要求和流程做好信息报送工作；④社区设立网格员、楼栋长和信息员负责社区日常安全、灾害综合管理，及时排查收集区域内隐患，进行登记、分类建档、动态监管，以及灾情信息排查汇总上报和预警工作。同时，明确社区安全队伍负有全力协助社区落实灾害应急准备、紧急救援和群众转移等应急救援工作的责任。

三是培育壮大社会组织，提高社区防灾减灾能力。防灾减灾是一个复杂的、系统的社会公共工程，需要的不仅仅是财力、物力和强制性机制，而且需要灾害治理主体的多元化，需要最大可能地吸纳各种社会力量，如灾后重建、心理关怀、弱势群体扶助等，使灾害危机处理发挥持续性的作用。社会组织涵盖广泛，情报信息比较灵敏，事件处理灵活，因此可以利用其极其广泛的社会触角和成员基础，实现对灾害事件的日常化监督管理。灾害事件发生之前，社会组织大量收集信息，为危机的预警提供信息，起到防患于未然的作用。在灾害事件发生时，社会组织能够及早获悉某些征兆，或第一时间做出反应，有效应对处置突发灾害事件。同时，社会组织与社区成员关系密切，在灾害危急时刻能够给予社区成员必要的物质和精神的支持。要发挥他们的作用，弥补政府行为的不足，使社区的任何一个角落、任何一个成员都不被忽视。

五、完善社区防灾减灾应急预案并加强演练

应急预案是整个防灾减灾工作的重要保证。制定社区防灾减灾应急工作预案，以实际、实用为原则，按照针对性和可操作性强的要求，根据不同类型的事件状况，制定一整套针对突发灾害事件的应急预案，主要包括应急灾害事件、洪涝灾害、自来水管爆裂、火灾、重大流行性疾病等相关应急预案，随时应对紧急事件的发生。各类灾害应急预案应该向社区、乡村、企业、学校等基层单位和重点部位延伸。要弄清楚本社区人口数量、人员构成、地理形势、潜在风险、抗灾能力等情况，在准确掌握社区存在的灾害隐患及灾害发生规律的基础上，结合社区环境、居民特点和现有救灾减灾能力等现状，因地制宜编制社区应急预案。因此，要掌握社区准确的基础资料，根据社区的地理位置和社会经济发展现状及以往的突发事件发生情况，分析遭受的灾害，把洪涝、雷击、泥石流等自然灾害和火灾、食物中毒、供水供电通信事故等突发事故的特征、灾害发生时可能造成的后果和处置措施，输入档案。建立人口综合信息库，在社区掌握的人口信息的基础上，对社区内的户籍人员、外来人口及时调查、登记，形成区域内人口综合数据信息。建立公共设施基本信息库，掌握辖区的各类公共建筑、公共设施规模和情况，统筹社区内可供防灾、减灾、救援的一切资源。

社区应组织人员定期检查商铺、人群密集场所，消除安全隐患。定期对本辖区酒店、网吧等公共场所进行安全检查，普及消防安全知识，提高操作人员安全意识。雨季来临，为防止出现洪涝，社区应组织志愿者和工作人员对辖区内每个院落里的窨井盖进行安全排查。为了创造良好的消防安全环境，全力遏制重大火灾事故，社区应监督辖区内商铺、院落配备灭火器。为确保将防灾工作落实到基层，社区应宣传组织新购进家庭消防应急箱，以提高居民自我防灾意识。为全面做好消防安全工作，确保社区的稳定，社区应紧紧围绕"以人为本、安全第一"的思想，组织发放消防应急柜到院落，预防发生火灾事故。应急预案应明确

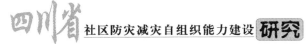

社区灾害应急的组织指挥体系、职责任务、应急准备、预警预报与信息管理、应急响应、灾后救助与恢复重建等方面的内容，规范紧急状态下救助工作程序和管理机制。应切实加强群防群治，做好灾害防范工作，努力营造一个和谐、稳定、安全的社区环境。

加强预案的协同管理，定期组织居民开展形式多样的应急预案培训演练活动，定时期、定灾种、定人员进行社区防灾、减灾、避灾、救灾演练，组织开展应急疏散和自救互救演练，增强公众防灾减灾意识，提高自救互救技能，提升灾害防范应对能力。使社区居民了解应急避难场所的分布状况、如何使用该场地等问题，掌握救灾减灾技能，提高自我救护能力。开展防灾减灾应急演练，不断强化应急志愿队伍训练，提高综合应对自然灾害、各类突发公共事件的能力。在演练中检验预案、发现问题，及时修订完善应急预案，提高预案的针对性和可操作性。

六、鼓励和引导社区社会力量和居民参与防灾减灾

防灾减灾是需要全社会共同参与的系统工程，社区作为社会的基本构成单元，是防灾减灾救灾的前沿阵地。减灾从社区做起，就是强调要落实社区各项减灾措施，整合各类基层减灾资源，动员社区的每个家庭、每位成员积极参与防灾减灾和应急管理工作，着力提高社区防范防御各类灾害的能力，保障人民群众生命财产安全。要转变政府部门包办防灾减灾工作的单一模式。政府要加强宣传和引导，鼓励支持民间组织和社区居民积极参与防灾减灾能力建设。一方面建立具有监测预警能力、应急准备能力、先期处置和协助救援能力、灾害恢复能力的防灾减灾队伍，培养应急抢险中坚力量；另一方面发动社区居民积极加入社区应急救援志愿者队伍，发挥救灾的辅助作用。社区内各个物业服务企业协助完成政府救灾的部分职能，减轻政府的防灾减灾压力。例如在火灾发生时，物业的保安员或消防员在第一时间实施救火措施，在火灾的初期能有效控制或扑灭火灾，保护好业主免受财产损失和减少次生灾害的影响。以社区为载体，科学整合各类社会减灾资源，引导企事业单位、非政府组织和广大居民共同参与基层防灾减灾综合能力建设。促进企业与社区开展防灾减灾共建活动，能有效提高社区居民的防灾减灾意识与自救互救技能，夯实基层社区综合防灾减灾能力。

按照"因地制宜、安全适用、平灾结合、综合利用"的原则，充分利用社区内的广场、停车场等公共活动场所，按照避难场所建设的有关标准和要求，进行就地改造，配备应急照明、供水、通信等功能和物资，对社区应急专用通道进行清理和疏散，及时检查，保障其畅通，平

时加强其维护工作。采取定点集中储备和提前与生产经营单位签订紧急配送协议相结合的方式完善应急物资储备体系。其中，常用应急物资由社区定点集中储备，生活必需品和不易长期储备的物资靠与社区超市等单位签订应急代储配送协议，大型应急处置装备靠与租赁公司签订租赁协议。社区按照标准配置应急包，采取集中采购的方式，及时联系和敦促生产厂家加紧供货，统一派发至社区所需居民。

结 束 语

社区是应对各类突发事件的最前沿阵地。社区不仅是各类事件发生后的直接受体，也是应急管理的最基层组织，是我国政府组织构架中最基层的力量，能够更有力地进行社会动员，提高社区防灾减灾自组织能力建设，更好地带动社会力量参与防灾减灾，从而减少人员伤亡和财产损失，保护社区居民的切身利益，真正解决好"最后一公里"问题。社区防灾减灾应急能力的提升，能够大幅减少灾害事件带来的损失、维护城市居民生命财产安全，对街道、区（市）县乃至整个城市的安全稳定具有十分重大的意义。四川省社区防灾减灾应急管理能力还很薄弱，其主要原因是参与主体单一、多头管理、思想认识不到位、工作不主动、应急预案作用有限、居民自救互救能力差、经费不足、应急响应队伍建设不理想等。随着社区防灾减灾应急管理研究的不断深入，研究成果不断涌现，四川省社区防灾减灾应急管理建设工作也将深入推进，建立多元参与的防灾减灾应急管理体系、完善制度创新模式，全面提升社区防灾减灾应急管理能力，营造防灾减灾文化氛围，提升应对灾害的处置能力，保障救灾经费和物资，加强社区应急响应队伍建设，是新形势下促进社区防灾减灾自组织能力建设的有效措施。

参 考 文 献

［1］闪淳昌，薛澜. 应急管理概论——理论与实践［M］. 北京：高等教育出版社，2015.

［2］葛全胜，邹铭，郑景云，等. 中国自然灾害风险综合评价初步研究［M］. 北京：科学出版社，2008.

［3］白铁. 地质灾害风险评估方法［M］. 北京：地质出版社，1998.

［4］杜栋，庞庆华，吴炎，现代综合评价方法与案例精选［M］. 2版. 北京：清华大学出版社，2008.

［5］夏剑薇. 上海社区风险评价体系研究［D］. 上海：复旦大学，2010.

［6］万蓓蕾. 基于AHP模糊综合评价模型的上海城市社区风险评价研究［D］. 上海：复旦大学，2011.

［7］古茁欢. 基于社区尺度的上海市自然灾害社会脆弱性评估［D］. 上海：上海师范大学，2016.

［8］李菲菲. 基于治理理论的城市社区应急管理研究——以广州市X街道为例［D］. 广州：暨南大学，2015.

［9］李婷婷. 公众风险感知的社区减灾策略研究［D］. 兰州：兰州大学，2014.

［10］秦训华. 城市社区突发公共事件风险预警平台构建研究［D］. 湘潭：湘潭大学，2012.

［11］李静. 基于社区的公众参与协作式风险地图研究［D］. 兰州：兰州大学，2011.

［12］刘含赟. 社区脆弱性评估与应对研究——基于非传统安全的视角［D］. 杭州：浙江大学，2013.

［13］滕五晓，陈磊，万蓓蕾. 社区安全治理模式研究——基于上海社区风险评价实践的探索［J］. 马克思主义与现实，2014（6）：70-75.

［14］葛天任，薛澜. 社会风险与基层社区治理：问题、理念与对策［J］. 社会治理，2015（4）：34-73.

［15］王晓静. 论城市住宅社区公共安全风险管理——以广州市为例［J］. 科技促进发展，2014，10（6）：87.

［16］陈容. 社区灾害风险管理现状与展望［J］. 灾害学，2013，28（1）：133-138.

［17］吴晓林. 旧乡村里的新城区：城市"新增空间"的社区风险治理［J］. 北京行政学院学报，2016（4）：9-16.

［18］钟开斌. 伦敦城市风险管理的主要做法与经验［J］. 国家行政学院学报，2011（5）：113-117.

［19］唐桂娟. 上海市社区灾害风险评价与管理研究［J］. 公共治理评论，2014（1）：60-77.

［20］张华，尹占娥，殷杰，等. 基于土地利用的城市暴雨内涝灾害脆弱性评价——以上海浦东新区为例［J］. 上海师范大学学报（自然科学版），2011（4）：427-434.

［21］徐芙蓉. 风险社会视野下的社区治理问题论析［J］. 理论界，2011（9）：172-174.

［22］唐庆鹏. 风险共处与治理下移——国外弹性社区研究及其对我国的启示［J］. 国外社会科学，2015（2）：81-87.

［23］张振国，温家洪，李雪丽. 面向社区的参与式灾害风险评估模型研究［J］. 灾害学，2013（3）：142-146.

［24］张鸿雁，殷京生. 当代中国城市社区社会结构变迁论［J］. 东南大学学报（哲学社会科学版），2000（4）：32-41.

［25］刘兵，郑莉芳，王光龙. 城市公共危机应急处置体系的主要问题与对策——以成都为例［J］. 成都大学学报（社科版），2007（3）：50-53.

［26］薛澜，周玲，朱琴. 风险治理：完善与提升国家公共安全管理的基石［J］. 江苏社会科学，2008（6）：7-11.

［27］杨用君，刘祖德，赵云胜. 新形势下城市公共安全应急管理体系建设探讨［J］. 中国公共安全（学术版），2007（6）：50-52.

［28］杨军. 社区防灾减灾对策的复杂性科学问题［J］. 防灾减灾工程学报，2003（3）：105-115.

［29］蔡志强. 社会参与：危机治理范式的一种解读［J］. 中共中央党校学报，2006，10（6）：108-112.

［30］赵成根. 发达国家大城市危机管理中的社会参与机制［J］. 北京行政学院学报，2006（4）：13-17.

［31］沈荣华. 城市应急管理模式创新：中国面临的挑战、现状和选择［J］. 学习论坛，2006，22（1）：48-51.

［32］关贤军，陈海艺，尤建新.城市社区防灾减灾工作机制研究［J］.中国安全科学学报，2008，18（11）：14-19.

［33］李菲菲，庞素琳.基于治理理论视角的我国社区应急管理建设模式分析［J］.管理评论，2015，27（2）：197-207.

［34］高恩新.防御性、脆弱性与韧性：城市安全管理的三重变奏［J］.中国行政管理，2016（11）：105-110.

［35］易亮，张亚美，黄维，等.社区防灾减灾资源评价体系探讨［J］.灾害学，2012，27（1）：125-129.

［36］刘刚.基于层次分析法的社区灾害风险脆弱性评价［J］.兰州大学学报（社会科学版），2013（4）：102-108.

［37］王瑞华.社区自组织能力建设面临的难题及其成因［J］.城市问题，2007（4）：64-69.

［38］范柏乃，龙海波.基于政府能力视角的地方政府应急管理研究［J］.理论与改革，2009（4）：84-87.

［39］余树华，周林生.社区应急管理的定位研究［J］.华南理工大学学报（社会科学版），2016，18（1）：46-56.

［40］陈文玲，原珂.基于社区应急救援视角下的共同体意识重塑与弹性社区培育——以F市C社区为例［J］.管理评论，2016，28（8）：215-224.

［41］周芳检.突发性公共安全危机治理中社会参与失效及矫正［J］.吉首大学学报（社会科学版），2017，38（1）：124-130.

［42］李羚，黄毅.基层党组织应急机制创新研究——以四川"五·一二"大地震灾后重建为例［J］.毛泽东思想研究，2009（6）：127-130.

［43］王晶.面向应急管理的社区社会资本分析［D］.天津：天津大学，2009.

［44］郭雪松，朱正威.跨域危机整体性治理中的组织协调问题研究——基于组织间网络视角［J］.公共管理学报，2011，8（4）：50-60.

［45］李游，闪四清，李红，等.面向突发事件的虚拟社区知识共享实证研究［J］.管理评论，2012，24（11）：87-96.

［46］王莹，王义保.基于整体性治理理论的城市应急管理体系优化［J］.城市发展研究，2016，2（23）：98-104.

［47］操世元，周万军."互联网＋"环境下社区服务信息化的理念与困境——以杭州市为例［J］.行政科学论坛，2017（1）：32-38.

［48］张艾菊.风险社会背景下成都市应急管理体系的完善［D］.

成都：西南交通大学，2011.

[49] 葛红林. 提升城市政府应对突发事件能力的思考 [J]. 中国应急管理，2014（9）：26-28.

[50] 常晓阳. 奋力提升综合应急管理能力 推动成都应急管理再上台阶 [J]. 中国应急管理，2014（9）：39-43.

[51] 卢文刚. 风险社会视阈下基于系统脆弱性分析的城市公交应急管理研究——以个人极端暴力事件成都"6·5"公交纵火案为例 [J]. 科技管理研究，2014（8）：219-226.

[52] 蔡建飞. 生产与运作管理 [M]. 长春：东北师范大学出版社，2012：41-45.

[53] 杨颖. 中国应急管理核心要素研究 [M]. 北京：人民日报出版社，2016.

[54] 薛澜. 危机管理 [M]. 北京：清华大学出版社，2003.

[55] 张成福. 论政府信息公开例外保护机制 [J]. 情报理论与事件，2012，34（9）：32-34

[56] 马晓东. 多中心理论视角下公共危机治理研究 [D]. 北京：中央民族大学，2007.

[57] 刘万振，陈兴立. 社区应急能力建设的现状分析与路径选择——重庆市社区应急能力建设的调查与思考 [J]. 行政法学研究，2011（3）：78-85.

[58] 朱恪均，辛宇. 天府新区成都直管区"基层社区应急能力示范建设"的实践与探索 [J]. 理论与改革，2017（增1）：57-63.

[59] 于小艳. 基层社会组织参与应急管理的困境与对策 [J]. 湖南行政学院学报，2014（3）：82-84.

[60] 张小明. 我国防灾减灾风险管理能力建设战略 [J]. 中国减灾，2014（2）：42-45.

[61] 汪万福，齐芳. 社区防灾减灾能力培育 [J]. 中国减灾，2011（8）：36-37.

[62] 周悦，崔炜. 老龄化背景下社区防灾减灾建设研究 [J]. 城市发展研究，2014（11）：102-105.

[63] 吕芳. 中国社区减灾面临的挑战 [J]. 中国减灾，2010（3）：15-17.

[64] 闪淳昌. 周玲. 钟开斌. 对我国应急管理机制建设的总体思考 [J]. 国家行政学院学报，2011（1）：8-12，21.

[65] 丁元竹. 减灾救灾社会责任及其机制研究 [J]. 江苏社会科学，2008（6）：16-21.

［66］俞可平. 治理与善治［M］. 北京：社会科学文献出版社，2000.

［67］杨贵华. 自组织：社区能力建设的新视域［M］. 北京：社会科学文献出版社，2010.

［68］王瑞华. 社区自组织能力的有机构成及其提升途径［J］. 四川大学学报，2007（2）：101-105.

［69］陈伟东. 社会治理的基础在于增强社区自组织能力［J］. 中国民政，2015（3）：16-17.

［70］杨贵华. 转换居民的社区参与方式，提升居民的自组织参与能力——城市社区自组织能力建设路径研究［J］. 复旦学报（社会科学版），2009（1）：127-133.

［71］杨贵华. 城市社区自组织能力及其指标体系［J］. 社会主义研究，2009（1）：72-77.

［72］杨贵华. 社区共同体的资源整合及其能力建设——社区自组织能力建设路径研究［J］. 社会科学，2010（1）：78-84，189.

［73］邵志国，韩传峰. "互联网＋"助力社区防灾减灾能力提升［J］. 中国减灾，2016（5）：24-25.

［74］本刊评论员. 提升社区防灾减灾能力［J］. 中国应急管理，2010（5）：3.

［75］汪万福，齐芳. 社区防灾减灾能力培育［J］. 中国减灾，2011（15）：36-37.

附　录

附录 1　成都市华兴街社区风险因素评分表

请您根据对成都市华兴街社区风险现状的认识和理解，对该社区的风险因素的发生概率进行评价打分，评分区间在 0~5 分，其中 0 分表示 5 年以上都没遇到过，1 分表示 5 年以上遇到 1 次，2 分表示 3~5 年遇到 1 次，3 分表示 1~3 年遇到 1 次，4 分表示 1 年遇到 3 次以下，5 分表示 1 年遇到 3 次以上。

致灾因子	风险因素	评分
自然灾害	暴雨（洪水、城市内涝）	
	滑坡（泥石流）	
	地震	
	地面沉降	
	台风	
	雪灾（冰冻）	
事故灾难	交通事故	
	公共设施和设备事故	
	火灾事故	
	触电事故	
	燃气事故	
	环境污染事故	
	生产安全事故	
	高空坠物事故	
	危化品泄露（爆炸）事故	
	溺水事故	

致灾因子	风险因素	评分
公共卫生事件	食品安全事件	
	宠物伤人事件	
	传染病事件	
	群体性药物反应事件	
社会安全事件	盗抢事件	
	拆迁事件	
	群体性事件	
	个人极端事件	
	涉外突发事件	
	刑事案件	

附录 2　城市社区风险评价指标调查问卷（一）

请依据您的专业知识和工作经验，对指标体系中各指标做出判断和提出修改意见：

1. 您认为一级指标的构建是否合适？如果不合适，应做哪些增加或删除？

2. 您认为二级指标的构建是否合适？合适打"√"，不合适打"×"，并注明您的修改意见。

一级指标	二级指标	修改意见
人的因素	人口密度	
	流动人口比重	
	贫困人口比重	
	女性人口比重	
	70 岁以上老年人口比重	
暴露度—脆弱性	致灾因子数	
	风险区域居民人数	
	居民职业类别分散程度	
	居民受教育程度	
	20 世纪 90 年代以前房屋数量	
	周围高危设施数量	
	住改商（仓）数量	
	建筑悬挂物数量	
防灾减灾能力	社区距最近医院距离	
	社区距最近消防队距离	
	应急预案编制及演练情况	
	减灾宣传教育及培训情况	
	隐患排查频度	
	应急避难场所容纳率	
	绿地占有率	
	社区照明状况	

附录 3　城市社区风险评价指标调查问卷（二）

请依据您的专业知识和工作经验，对指标体系中各指标做出判断和提出修改意见：

1. 您认为一级指标的构建是否合适？如果不合适，应做哪些增加或删除？

2. 您认为二级指标的构建是否合适？合适打"√"，不合适打"×"，并注明您的修改意见。

一级指标	二级指标	修改意见
人的因素	人口密度	
	流动人口比重	
	贫困人口比重	
	70 岁以上老年人口比重	
	女性人口比重	
暴露度—脆弱性	居民受教育程度	
	风险区域居民人数	
	致灾因子数	
	风险区域数量	
	20 世纪 90 年代以前房屋数量	
	建筑物主要建筑材料	
	周围高危设施数量	
	住改商（仓）数量	
	建筑悬挂物数量	
防灾减灾能力	社区距最近医院距离	
	社区距最近消防队距离	
	社区距最近派出所距离	
	应急预案编制及演练情况	
	减灾宣传教育及培训情况	
	消防（人防）设备配备率	
	隐患排查频度	
	应急避难场所容纳率	
	绿地占有率	
	社区照明状况	

附录4 城市社区风险评价指标调查问卷（三）

请依据您的专业知识和工作经验，对指标体系中各指标做出判断和提出修改意见：

1. 您认为一级指标的构建是否合适？如果不合适，应做哪些增加或删除？

2. 您认为二级指标的构建是否合适？合适打"√"，不合适打"×"，并注明您的修改意见。

一级指标	二级指标	修改意见
危险性	致灾因子数	
	风险区域数量	
	风险区域居民人数	
	建筑悬挂物数量	
暴露度—脆弱性	20世纪90年代以前房屋数量	
	周围高危设施数量	
	人口密度	
	流动人口比重	
	贫困人口比重	
	失业人口比重	
	居民受教育程度	
	70岁以上老年人口比重	
	住改商（仓）数量	
防灾减灾能力	社区距最近医院距离	
	社区距最近消防队距离	
	社区距最近派出所距离	
	应急预案编制及演练情况	
	减灾宣传教育及培训情况	
	消防（人防）设备配备率	
	隐患排查频度	
	应急避难场所容纳率	
	绿地占有率	

附录5 社区应急管理能力要素指标调查问卷（一）

根据您多年来应急管理的工作经验和专业知识，请对各个指标做出相应判断并提出修改意见：

社区应急管理能力要素指标的建立是否合适？如果合适请打"√"，不合适请打"×"。如果不合适，应该删除或者添加哪些指标？

社区应急管理能力要素	是否合适（合适请打"√"，不合适请打"×"）	修改意见
应急认知能力		
应急保障能力		
监测预警能力		
信息处理能力		
先期处置能力		
居民反应能力		
社会疏导能力		
应急动员能力		
应急响应能力		
应急处置能力		
恢复重建能力		

附录6 社区应急管理能力要素指标调查问卷（二）

根据您多年来应急管理的工作经验和专业知识，请对各个指标做出相应判断并提出修改意见：

社区应急管理能力要素指标的建立是否合适？如果合适请打"√"，不合适请打"×"。如果不合适，应该删除或者添加哪些指标？

社区应急能力要素	是否合适（合适请打"√",不合适请打"×"）	修改意见
应急认知能力		
应急保障能力		
监测预警能力		
信息处理能力		
先期处置能力		
应急响应能力		
社会疏导能力		
应急动员能力		
恢复重建能力		

附录 7　社区应急管理能力要素指标调查问卷（三）

　　根据您多年来应急管理的工作经验和专业知识，请对各个指标做出相应判断并提出修改意见：

　　社区应急管理能力要素指标的建立是否合适？如果合适请打"√"，不合适请打"×"。如果不合适，应该删除或者添加哪些指标？

社区应急管理能力要素	是否合适(合适请打"√",不合适请打"×")	修改意见
应急认知能力		
应急保障能力		
监测预警能力		
信息处理能力		
先期处置能力		
应急响应能力		
应急动员能力		
恢复重建能力		

附录8 成都市社区应急能力建设标准
（2016年修订版）

	建设内容		分值	评分	验收方式
一、建立一套健全的应急组织体系（8分）	明确应急管理责任人	成立了社区应急管理工作领导小组，社区主要负责人为社区应急能力建设第一责任人，落实相关负责人和工作人员责任；明确社区内重点单位（机关、学校、医院、重要企业等）相关负责人责任；将社区应急能力建设纳入社区自治管理和公共服务重要内容	3	每项1分	查看资料
	明确相应工作人员	应急管理任务重的社区确定1名相对固定的应急工作人员，一般的社区配备兼职应急工作人员；实行物业管理的居民小区和农村新型社区的业委会、物管单位设应急工作责任人，建立楼栋单元长制度；社区内重点单位有应急工作联络人	3	每项1分	查看资料
	明确多元参与形式	社区定期召集会议分析研判社区应急工作情况及有关问题，社区工、青、妇、残联等社会组织积极参与应急能力建设	2	每项1分	查看资料
二、制定一套完善的应急管理制度（21分）	制定值班值守制度	设置社区应急值班室（可与现有办公场地整合使用），因地制宜配备应急值守和信息报送通信设备	2	无值守制度或年内出现值班脱岗影响突发事件处置的扣3分	实地查看，查看资料
		落实专人24小时值班，节假日有领导带班安排，制定了应急值守和信息报送工作制度并张贴上墙，值班值守和交接班记录清楚	3		
		值班人员熟悉应急管理业务，能承担信息报送、应急联络、协调处置等工作	2		
	建立应急信息员制度	应急信息员由社区网格员、物业保安、重点单位联络人、村小组组长、地质灾害监测员等组成，制定了应急信息员管理办法；社区应急信息员队伍纳入区（市）县应急信息员网络，有针对舆情信息的监测、收集、报送方案	2	每项1分	查看相关资料
	制定隐患排查整治制度	形成定期排查机制，建立社区灾害点、危险源、风险源数据库，逐一登记造册、分类建档、动态监管	2	建有电子数据库加1分	查看台账、隐患监测记录等资料
		面向社区居民及时公布灾害隐患信息，组织开展设置警示标识、组织日常巡查、定期监测预警、工程排危除险、风险防控等防灾避险工作；社区无力防控整治时要及时上报	1		查看台账、隐患监测记录等资料
		制作风险隐患排查治理台账并规范填写	1		
		社区实行网格化管理，每个网格配备网格管理员，落实重大灾害点、危险源、风险源"一对一"监测	1		

建设内容			分值	评分	验收方式
二、制定一套完善的应急管理制度（21分）	建立健全突发事件预警制度	制定社区突发事件预警办法，规范预警发布、紧急疏散、抢险救援等流程并张贴上墙	2		查看相关资料
		充分利用电话、广播、电视、电子显示屏等介质及手机短信、鸣锣示警等方式第一时间发布预警信息，通知辖区群众做好防灾避险和应急疏散准备	2		
		切实做好突发事件应急处置工作，包括积极开展突发事件先期处置、配合专业力量抢险救援、生产自救和善后处理工作等	2		
	制定脆弱群体帮扶制度	建有覆盖辖区内"老、幼、病、残"等脆弱群体的分类信息数据库，充分发挥社区党员、志愿者、义工及其他社会组织力量，建立结对帮扶和定期探访机制	1		查看相关资料、现场走访
三、打造一支成建制的应急响应队伍（13分）	应急响应队伍	建立有一支规模为10~15人的应急志愿响应队	2		查看花名册
		吸收辖区企事业单位（含小区物管公司）人员参与，应包括具备消防、卫生、抢险等专业技能的人员	2		
		为队员配备个人必需防护用品，包括简要防护服、头盔、防护鞋、手套、手电筒、防护口罩、应急灯等，配备数量至少保证每人一套	2		查看实物
	队伍管理	制定社区应急响应队伍建设和指挥调动管理办法	3		查看资料
		建有与公安、消防、卫生、安监等部门或专业机构的培训合作对接机制，定期开展突发事件预防、基本处置技能专业训练	2		查看影像资料
		组织社区应急响应队开展应急知识培训，每年集中培训时间不少于2天、开展至少2次综合或专项应急技能拉练	2		查看影像资料
四、制定一套管用的应急预案体系（15分）	预案编制	编制综合应急预案，明确应急处置职责、流程和要求	3		查看预案
		根据社区风险隐患排查情况，编制辖区主要危险源、风险源、灾害点和重大活动"一对一"专项应急预案	2		
		预案编制要求简明易懂、可操作性强并流程化，需张贴上墙；每年根据实际情况对应急预案进行动态评估和修订	2		
	预案演练	经常组织开展应急预案桌面推演和实地演练，原则上每年至少组织开展1次应急预案实地演练，同时督促辖区重点单位每年至少组织开展1次以上预案演练	8	每增加1次加1分，最多加5分	查看影像及相关资料

（续表）

		建设内容	分值	评分	验收方式
五、建立一个必要的应急物资保障体系（12分）	实物储备	设有社区应急物资储备库（点）	2		实地查看
		基本应急物资到位，包括：救援工具（铁锹、水泵、灭火器、担架、梯子、绳索等）、通信设备（扩音喇叭、对讲机、铜锣等）、照明工具（应急发电机、应急灯、手电筒等）、队员基本装备（防护服、手套、防护鞋、防护口罩等）、应急物品（衣被、药品、饮用水、帐篷等）	4		
	协议储备	与社区定点商场（超市）签订有应急物资采购储备和突发事件优先供应协议	2		查看协议
	家庭储备	引导城市居民小区、农村新型社区的家庭常备有应对当地主要风险隐患的应急物品或专门应急包，未配备消火栓的农村集中居住区要按照城市小区标准配备到位灭火器	2		实地查看
	落实应急交通工具	社区采用自备、租赁等方式，统筹落实1~2辆小型乘用车或若干摩托车，作为应急救援及应急转运的交通工具	2		实地查看
六、形成一套常态化的应急宣传培训机制（9分）	拓宽宣传载体	充分利用社区活动室、文化站、广场、LED显示屏、广播等载体及社区网站、微信、微博等新媒体，开展应急安全知识和社区居民自救互救技能宣传	2		查看影像资料及新媒体展示
	开展宣传培训活动	社区每年至少组织1次社区工作人员、社区应急响应队成员参加上级部门举办的应急业务能力培训活动	1		查看影像及文字资料、宣传资料、随机访问社区群众
		每年开展2次以上面向社区居民的应急知识宣传普及活动	1		
		邀请专家或专业人员（队伍）到社区开展应急不少于1次的逃生、医疗救援等专题宣教培训	1		
		印发或转发应急避难自救互救知识宣传手册、图册，每年发放覆盖面达到社区居民户数的30%以上	1		
		加强辖区内中小学、幼儿园应急安全教育，推动应急知识教育课程化	1		
	注重宣传效果	社区居民对应急安全知识的知晓率到达80%以上，防灾减灾意识明显增强，了解基本的自救互救技能	2		

建设内容			分值	评分	验收方式
七、打造一个集成高效的应急管理平台（10分）	平台设置	因地制宜建设社区应急管理平台，单独建设或结合社区治理信息化平台统筹建设，并接入上级应急管理平台	3		现场查看、查看相关资料
	应急通信	根据社区特点，建立应急广播、移动终端、手持对讲机、微博、微信等社区应急通信渠道，用于信息报送、发布预警和紧急调度，集成接入社区应急管理平台	3		
	数据管理	建立包括社区基本情况、应急预案、应急管理制度、危险源数据、应急资源、应急队伍等内容的社区应急基础数据，集成接入社区应急管理平台	2		
	系统整合	整合社区内天网系统、物业监控系统、城管监控系统等，集成建设社区实时监控调度指挥系统，并接入社区应急管理平台	2		
八、建成一个适用的应急避难场所（6分）	建设方式	根据实际情况，有条件的社区按标准建有专用应急避难所，其他社区因地制宜利用学校、体育场、公园绿地和广场等公用设施，建立社区临时应急避难场所	2	建有专用应急避难场所的加2分	现场查看、查看相关资料
	建设标准	应急避难场所具备应急照明、供水、通信及安置等基本功能，标志标识清晰，达到相关要求，能满足社区居民应急避险使用需求	2		
	管理维护	应急避难场所管理责任清晰，日常管理和维护落实到位	2		
九、建设一套清楚的应急标识辨别系统（6分）	基本设置	社区内楼栋单元、公共场所、主要路口、重大风险隐患点位设有应急逃生指示牌或应急安全警示标志	2		现场查看
	重要点位	社区内机关、学校、医院、餐饮娱乐、高层写字楼等公共场所应急逃生通道畅通，应急安全标记和应急逃生线路标识清楚	2		
	应急通道	居民小区、避难场所、公共场所应急救援车辆专用通道和消防通道保持畅通，日常管理到位，标识清晰，无占用堵塞	2		

注：1.社区应急能力建设考评按"社区自评—区（市）县组织审核—市应急办复核"流程进行考评，80~90分为合格，90分以上为优秀。

2.每年11月底前，各区（市）县需完成社区应急能力建设和自评工作，并对建设工作进行总结形成材料报市政府应急办。

附录9 社区应急管理能力指标调查问卷（四）

根据您多年来应急管理的工作经验和专业知识，请对指标体系中的各个指标做出相应判断并提出修改意见：

二级指标的建立是否合适？如果合适请打"√"，不合适请打"×"，并列出修改意见。

一级指标	二级指标	修改意见
应急认知能力	社区开展应急宣传教育活动	
	居民掌握自救互救基本方法与技能	
	企业、非营利组织参与社区应急建设工作	
信息处理能力	应急信息员监测、收集舆情	
	数据分析处理	
	建设应急管理平台	
监测预警能力	风险源排查	
	编制应急预案	
	预警发布	
先期处置能力	风险快速评估	
	应急响应队伍建设	
	与消防、公安、医院等协调联动机制	
应急保障能力	社区应急物资储备	
	家庭应急物资储备	
	与商家签订有应急物资采购储备协议	
	建立应急避难场所	
应急响应能力	预警信息接收渠道	
	居民参与应急演练	
	家庭应急准备	
	建立应急安全指示标识	
	社区工作人员、居民知晓应急逃生路线	
应急动员能力	社区人力资源、物质资源、社会资本的整合	
	社区、居民、企业、非营利组织建立信任关系	
	建立和完善社区资源共享、成本分摊机制	
恢复重建能力	重建资金筹集	

附录 10　社区应急管理能力指标调查问卷（五）

根据您多年来应急管理的工作经验和专业知识，请对指标体系中的各个指标做出相应判断并提出修改意见：

二级指标的建立是否合适？如果合适请打"√"，不合适请打"×"，并列出修改意见。

一级指标	二级指标	修改意见
应急认知能力	社区开展应急宣传教育活动	
	居民掌握自救互救基本方法与技能	
	企业、非营利组织参与社区应急建设工作	
应急保障能力	健全的社区应急组织体系	
	完善的社区应急管理制度	
	应急物资储备	
	建立应急避难场所	
信息处理能力	建设应急管理平台	
	应急信息员监测、收集舆情	
	大数据的分析与发布	
监测预警能力	风险源排查	
	编制应急预案	
	预警发布	
先期处置能力	风险快速评估	
	应急指挥	
	与消防、交通、医院等部门协调联动机制	
应急响应能力	预警信息接收渠道	
	社区居民、企业参与应急演练	
	社区应急响应队建设	
	建立应急安全指示标识	
	社区工作人员、居民知晓应急逃生路线	
	紧急撤离时间	
应急动员能力	社区人力资源、物质资源、社会资本的整合	
	与社区、居民、企业、非营利组织建立信任关系	
	建立和完善社区资源共享、成本分摊机制	
恢复重建能力	灾害损失评估	
	重建资金筹集	
	灾后心理危机干预	

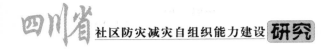

附录11 社区应急管理能力指标调查问卷（六）

根据您多年来应急管理的工作经验和专业知识，请对指标体系中的各个指标做出相应判断并提出修改意见：

二级指标的建立是否合适？如果合适请打"√"，不合适请打"×"，并列出修改意见。

一级指标	二级指标	修改意见
应急认知能力	社区开展应急宣传教育活动	
	居民掌握自救互救基本方法与技能	
	企业、社会组织参与社区应急建设工作	
应急保障能力	健全的社区应急组织体系	
	完善的社区应急管理制度	
	应急物资储备	
	建立应急避难场所	
信息处理能力	建设应急管理平台	
	应急信息员监测、收集舆情	
	大数据的分析与发布	
监测预警能力	风险源排查	
	编制应急预案	
	预警发布	
先期处置能力	风险快速评估	
	应急决策指挥	
	协调联动机制	
应急响应能力	应急响应队建设	
	建立应急安全指示标识系统	
	畅通预警信息接收渠道	
	知晓应急疏散逃生路线	
应急动员能力	政治动员	
	人力动员:社区、居民、企业、社会组织建立信任关系	
	经济动员:建立和完善社区资源共享、成本分摊机制	
恢复重建能力	灾害损失评估	
	恢复重建资金的筹集	
	灾后心理危机干预	

附录 12　三元社区应急管理能力建设调查问卷

亲爱的受访者您好，这是一份针对成都市三元社区应急管理能力建设情况的调查，旨在了解当前三元社区应急的基本情况，并以此作为分析研究的依据。您的回答无所谓对与错，只要能反映您真实的想法和您所面临的真实情况即可。同时我们将对您的回答完全保密，问卷资料仅供学术研究之用。在此，对您的理解与支持表示最诚挚的谢意！

第一部分　基本信息

1. 您的年龄为（　　）
A. 18 岁以下　　B. 18~37 岁　　C. 38~57 岁　　D. 58 岁及以上
2. 您的教育水平为（　　）
A. 小学及以下
B. 初中
C. 高中/中专/高职
D. 大专及本科
E. 硕士及以上
3. 您对当前家庭收入满意吗？（　　　　）
A. 满意　　　B. 不满意

第二部分　具体信息

1. 您所在社区受过以下灾害吗？（　　　）
A. 自然灾害（地震、洪水、地面积水等）
B. 事故灾难（火灾、高空坠物、水管爆裂、房屋破损、燃气泄漏等）
C. 公共卫生事件（环境卫生、宠物伤人、食物中毒等）
D. 社会安全事件（盗抢事件、安全设施不齐全等）
2. 突发事件来临时您会采取何种行动？（　　　）
A. 报警求助　　　　　　B. 立刻逃离现场
C. 自救互助　　　　　　D. 协助应急人员处理事件
3. 三元社区是否组织过应急宣传讲座或培训？（　　　）
A. 有　　B. 没有　　C. 不清楚
4. 您是否参加过应急知识的相关培训？（　　　）
A. 有　　B. 没有
5. 您从哪种渠道了解应急宣传培训？（　　　　）

A. 学校教育　　B. 电视广播　　C. 社区　　D. 网络

E. 其他

6. 您留意过小区出入应急疏散路线图吗？（　　）

A. 留意过，仔细看过

B. 知道有路线但不会认真看

C. 不知道有路线图

7. 您家里配有应急急救包吗？（　　）

A. 有　　B. 没有

8. 您愿意和其他居民一起建立社区应急自治小组、共同维护社区安全吗？（　　）

A. 愿意　　B. 无所谓　　C. 不愿意

9. 社区内企业有没有参加过应急工作，包括培训演练和救援？（　　）

A. 有　　B. 没有　　C. 不清楚

10. 您知道三元社区内有社会组织吗？（　　）

A. 有　　B. 没有　　C. 不清楚

11. 三元社区有应急避难场所吗？（　　）

A. 有　　B. 没有　　C. 不清楚

12. 您接收过社区发的地震、火灾等通知吗？（　　）

A. 有　　B. 没有　　C. 没注意

13. （如果上题选"有"请转入此题）您以何种方式收到社区预警信息？（　　）

A. 手机短信　　　　　B. 社区内宣传板

C. 微信、微博　　　　D. 工作人员告知

E. 社区喇叭广播

14. 在社区发生应急事件时，社区工作人员现场指挥疏散能力如何？（　　）

A. 任由场面混乱　　B. 指挥疏散稍有欠缺

C. 现场井然有序

15. 灾害发生后，社区、企业或者社会组织有没有做恢复重建工作，如心理干预、补贴资助、恢复水电气等？（　　）

A. 有　　B. 没有

问卷填写完毕，本小组全体成员再次向您的热情配合表示诚挚的谢意，谢谢您！

后　记

　　社区是城市的基本组成单元，城市社区是诸多灾害事件发生和处置的第一现场，是防灾减灾的前沿阵地。开展社区防灾减灾自组织能力建设的研究，把社区防灾减灾能力建设作为社区应急管理的第一道防线，提出更加有效的应急管理模式，有助于发现和解决社区更为广泛的安全问题。因此，作为应急管理领域的学者，我们有责任和使命进一步落实"能力提升"的应急管理原则，将四川社区防灾减灾自组织能力建设作为研究重点，在梳理前人研究成果的基础上，按照应急管理的原则、流程和方法，深入浅出地编写一本理论性与实践性兼顾的成果，介绍四川社区灾害风险评估的一些基本理论、方法、要求以及四川社区防灾减灾自组织能力建设的具体实践内容，以期为从事应急管理方面的研究、教学、培训及实践工作的同志提供参考。

　　本书共分为六章：第一章是绪论部分，主要概述社区防灾减灾自组织能力建设研究的背景、意义及思路和相关概念与理论；第二章分析社区灾害风险及评价；第三章分析社区防灾减灾自组织能力提升途径；第四章通过案例分析的形式，介绍成都市锦江区社区防灾减灾自组织能力建设实践；第五章通过案例分析的形式，介绍成都市三元社区防灾减灾自组织能力建设实践；第六章提出促进四川省社区防灾减灾自组织能力建设的建议。

　　本书由四川行政学院"5·12"汶川地震灾害应对研究与培训中心陈旭教授及其指导的3位硕士研究生协作共同完成。陈旭教授设计写作提纲并负责第一章的撰写；第二章由王胡林硕士负责撰写；第三章由陈旭教授与李永枫硕士共同撰写；第四章由李永枫硕士负责撰写；第五章由盛丹萍硕士负责撰写；第六章由陈旭教授负责撰写；陈旭教授负责统稿和整本书稿撰写的组织工作。在写作和出版过程中，得到了四川省委党校的领导和专家们的大力支持，得到了出版社的倾力帮助，书中参考引用了国内外各方面的研究成果，在此，一并表示深深的感谢！

由于编著者的水平有限，实践经验不足，书中难免存在疏漏之处，恳请读者批评指正。

编者

2020 年 3 月